Alexander Classen

Grundriss der qualitativen chemischen Analyse unorganischer und organischer Substanzen

DOGMA

Alexander Classen

Grundriss der qualitativen chemischen Analyse unorganischer und organischer Substanzen

ISBN/EAN: 9783955801946

Auflage: 1

Erscheinungsjahr: 2013

Erscheinungsort: Bremen, Deutschland

GRUNDRISS

DER

QUALITATIVEN CHEMISCHEN ANALYSE

UNORGANISCHER UND ORGANISCHER SUBSTANZEN.

VON

DR. ALEXANDER CLASSEN,

PROFESSOR AN DER KGL. TECHN. HOCHSCHULE ZU AACHEN.

———

ZWEITE GÄNZLICH UMGEARBEITETE AUFLAGE.

STUTTGART.

VERLAG VON FERDINAND ENKE.

1879.

Inhalt.

Vorübungen zur chemischen Analyse.

Vorübungen zur chemischen Analyse.

Chlorkalium KCl.

Erhitzt man eine kleine Menge des Salzes auf Platinblech, so verknistert es und schmilzt schliesslich bei stärkerem Erhitzen.

Das Salz ist leicht auflöslich in Wasser. Der Kaliumgehalt wird in der concentrirten wässerigen Auflösung nachgewiesen durch:

Platinchlorid (PtCl$_4$): gelber, krystallinischer Niederschlag von Kaliumplatinchlorid.

$$2KCl + PtCl_4 = K_2PtCl_6.$$

Ist die Auflösung verdünnt, so entsteht der Niederschlag erst nach einiger Zeit. Zusatz von Alkohol beschleunigt die Abscheidung desselben.

Zur Nachweisung von geringen Mengen Kalium verdampft man die Lösung des Salzes auf Zusatz von Platinchlorid im Wasserbade zur Trockne und fügt nach dem Erkalten Alkohol hinzu. Das auf diese Weise erhaltene Kaliumplatinchlorid zeichnet sich durch seine krystallinische Beschaffenheit und dunkelgelbe Farbe besonders aus.

Weinsäure (C$_4$H$_6$O$_6$): weisser, krystallinischer Niederschlag von Kaliumhydrotartrat (Weinstein C$_4$H$_5$KO$_6$), dessen Abscheidung durch starkes Schütteln oder Zusatz von Alkohol befördert wird.

$$KCl + C_4H_6O_6 = C_4H_5KO_6 + HCl.$$

Kieselfluorwasserstoffsäure (H$_2$SiFl$_6$): weisser, durchscheinender Niederschlag von Kieselfluorkalium (K$_2$SiFl$_6$).

$$2KCl + H_2SiFl_6 = K_2SiFl_6 + 2HCl.$$

Diese Niederschläge sind alle in vielem Wasser und verdünnten Säuren löslich; verdünnte Auflösungen von Chlorkalium oder anderen Kalisalzen werden daher durch vorstehend
angegebene Reagentien gar nicht, oder erst bei längerem
Stehen der Flüssigkeiten gefällt.

Taucht man das angefeuchtete Ende eines Platindrahtes,
welches man ösenförmig umgebogen hat, in gepulvertes Chlorkalium und erhitzt in der nichtleuchtenden Flamme des Bunsen'schen Gasbrenners, so wird diese deutlich violett gefärbt.
Diese Färbung ist auch sichtbar, wenn man die Flamme durch
blaues Kobaltglas oder eine Schicht Indigolösung [1]) beobachtet.
(Unterschied von den Natriumverbindungen.)

Zur Erkennung des Chlorgehaltes versetzt man einen
Theil der Lösung mit:

Silbernitrat (AgNO₃): weisser, flockiger Niederschlag von
Chlorsilber (AgCl).

$$KCl + AgNO_3 = AgCl + KNO_3.$$

Der Niederschlag ist in Säuren unlöslich, er verschwindet
dagegen leicht bei Zusatz von Ammoniak oder Natriumhyposulfit
(Na₂S₂O₃). Aus der ammoniakalischen Lösung wird das Chlorsilber durch verdünnte Salpetersäure wieder gefällt. Am Licht
färbt sich der Niederschlag allmälich dunkel.

Bleiacetat (Pb(C₂H₃O₂)₂): weisses, krystallinisches Chlorblei (PbCl₂).

$$Pb(C_2H_3O_2)_2 + 2KCl = PbCl_2 + 2KC_2H_3O_2.$$

Dieser Niederschlag ist in vielem, besonders heissem Wasser löslich. Beim Erkalten scheidet sich das Chlorblei in kleinen Nadeln theilweise wieder aus.

Quecksilberoxydulnitrat (Hg₂(NO₃)₂): weisser Niederschlag
von Quecksilberchlorür (Calomel Hg₂Cl₂), in verdünnter
Salpetersäure unlöslich.

$$Hg_2(NO_3)_2 + 2KCl = Hg_2Cl_2 + 2KNO_3.$$

Bringt man eine Probe des trockenen Chlorkaliums in
einen Probircylinder und übergiesst mit etwas *concentrirter*

---

[1]) Man füllt die Indigolösung in ein flaches Glasgefäss mit parallelen
Wänden.

Schwefelsäure, so bildet sich Chlorwasserstoffsäure, die an dem stechenden Geruch erkennbar ist.

$$KCl + H_2SO_4 = KHSO_4 + HCl.$$

Mengt man eine kleine Quantität von trockenem Chlorkalium mit etwa dem dreifachen Gewichte an *Kaliumbichromat* ($K_2Cr_2O_7$), bringt das Gemisch in eine kleine tubulirte Retorte, übergiesst mit concentrirter Schwefelsäure und erhitzt, so destillirt Chlorchromsäure (Chromoxychlorid CrO_2Cl_2) über. Leitet man das Destillat in verdünnte *Natronlauge*, so setzt sich die Chlorchromsäure mit dem Natronhydrat um zu Natriumchromat (Na_2CrO_4) und Chlornatrium (NaCl). Das Natriumchromat färbt die Natronlauge mehr oder weniger gelb.

$$CrO_2Cl_2 + 4NaHO = Na_2CrO_4 + 2NaCl + 2H_2O.$$

Dieses Verfahren ist besonders geeignet, die Nachweisung der Chlorwasserstoffsäure bei Gegenwart von anderen Säuren, welche sich gegen Silbernitrat ähnlich wie diese verhalten (z. B. Bromwasserstoff- und Jodwasserstoffsäure), zu führen.

Kaliumsulfat K_2SO_4.
(Schwefelsaures Kali.)

Auf Platinblech erhitzt, verhält sich das Salz ähnlich wie Chlorkalium.

In Wasser leicht auflöslich; in der concentrirten Auflösung kann der Kaliumgehalt, wie beim Chlorkalium, nachgewiesen werden.

Zur Erkennung der Schwefelsäure versetzt man die Auflösung mit:

Chlorbaryum ($BaCl_2$): weisser, pulveriger Niederschlag von Baryumsulfat ($BaSO_4$), in allen Säuren unlöslich.

$$K_2SO_4 + BaCl_2 = BaSO_4 + 2KCl.$$

Bleiacetat ($Pb(C_2H_3O_2)_2$): weisses Bleisulfat ($PbSO_4$), schwer löslich in verdünnter Salpetersäure.

$$Pb(C_2H_3O_2)_2 + K_2SO_4 = PbSO_4 + 2KC_2H_3O_2.$$

Wird eine kleine Probe der trockenen Substanz auf der Kohle vor dem Löthrohr geschmolzen, so geht das Kaliumsulfat in Kaliumsulfid (K_2S) über.

$$K_2SO_4 + 2C = K_2S + 2CO_2.$$

Bringt man den Rückstand auf eine blanke Silbermünze und befeuchtet mit Wasser, so entsteht ein schwarzer Fleck von Schwefelsilber (Ag_2S). (Heparprobe.)

Cyankalium KCN.

Auf Platinblech erhitzt, schmilzt es ohne Zersetzung. Das Salz ist sehr leicht in Wasser löslich; die Lösung reagirt alkalisch. Versetzt man dieselbe mit einer verdünnten Säure, z. B. Chlorwasserstoffsäure, so wird Cyanwasserstoffsäure (Blausäure) frei, welche an dem charakteristischen Geruche nach bittern Mandeln erkennbar ist.

Zur Nachweisung des Kaliumgehaltes wird das trockene Salz oder die Lösung in Wasser mit Chlorwasserstoffsäure versetzt und eingedampft. Der Rückstand enthält Chlorkalium, in welchem der Kaliumgehalt, wie auf Seite 1 angegeben, nachgewiesen werden kann.

Zur Erkennung des Gehaltes an Cyan versetzt man die wässerige Lösung mit:

Quecksilberoxydulnitrat ($Hg_2(NO_3)_2$): schwarzer Niederschlag von metallischem Quecksilber.

$$2KCN + Hg_2(NO_3)_2 = Hg(CN)_2 + 2KNO_3 + Hg.$$

Giesst man zu einer Lösung von Silbernitrat ($AgNO_3$) tropfenweise Cyankaliumlösung, so entsteht ein weisser, flockiger Niederschlag von Cyansilber (AgCN), löslich im Ueberschuss von Cyankalium, sowie in Ammoniak.

$$AgNO_3 + KCN = AgCN + KNO_3.$$

Fügt man zu der Cyankaliumlösung eine Lösung von Eisenoxydulsulfat ($FeSO_4$) und kocht, so bildet sich Ferrocyankalium.

$$6KCN + FeSO_4 = K_4Fe(CN)_6 + K_2SO_4.$$

Setzt man zu dieser Flüssigkeit einige Tropfen Eisenchlorid (Fe_2Cl_6), so entsteht ein tief blauer Niederschlag von Ferri-Ferrocyanid (Berlinerblau Fe_7Cy_{18}).

$$3K_4FeCy_6 + 2Fe_2Cl_6 = Fe_7Cy_{18} + 12KCl.$$

Verdampft man einige Tropfen der Cyankaliumlösung in einer kleinen Porzellanschale nach Zusatz von etwas gelbem

Schwefelammonium, so enthält der Rückstand Rhodankalium (Sulfocyankalium KSCN).

$$4KCN + (NH_4)_2S_5 = 4KSCN + (NH_4)_2S.$$

Löst man den Rückstand in wenig Wasser, filtrirt nöthigenfalls ab, so entsteht, nach dem Ansäuern mit Chlorwasserstoffsäure und Versetzen mit einigen Tropfen Eisenchlorid, eine schön dunkelroth gefärbte Flüssigkeit von Sulfocyaneisen ($Fe_2(SCN)_6$).

$$6KSCN + Fe_2Cl_6 = Fe_2(SCN)_6 + 6HC).$$

Kaliumnitrit KNO₂.

(Salpetrigsaures Kali.)

Beim starken Erhitzen auf Platinblech schmilzt das Salz, gibt noch Sauerstoff ab und geht in Kaliumoxyd (K_2O) über.

Zur Nachweisung des Kaliumgehaltes führt man die Verbindung, durch Eindampfen mit Chlorwasserstoffsäure, in Chlorkalium über und verfährt, wie Seite 1 angegeben.

Zur Erkennung der salpetrigen Säure versetzt man einige Tropfen der wässerigen Lösung mit verdünnter Schwefelsäure, Jodkalium- und Stärkelösung. Es entsteht alsdann blaue Färbung von Jodstärke.

$$2KNO_2 + 2KJ + 2H_2SO_4 = N_2O_3 + 2HJ + 2K_2SO_4 + H_2O.$$
$$N_2O_3 + 2HJ = 2J + 2NO + H_2O.$$

Fügt man die Auflösung von Kaliumnitrit zu Eisenoxydulsulfatlösung, so färbt sich die Flüssigkeit schwarz.

$$4FeSO_4 + 2KNO_2 + 2H_2O = Fe_2(SO_4)_3 + K_2SO_4 + 2NO +$$
$$2FeH_2O_2.$$

Die Färbung wird durch Auflösung des entstehenden Stickoxydgases in Eisenoxydulsulfat hervorgerufen.

Uebergiesst man die trockene Verbindung mit etwas verdünnter Schwefelsäure, so entstehen die rothen Dämpfe der salpetrigen Säure. (Unterschied von Salpetersäure.)

$$2KNO_2 + H_2SO_4 = 2HNO_2 + K_2SO_4.$$

Kaliumnitrat KNO_3.

(Salpeter.)

Bei schwachem Erhitzen auf Platinblech schmilzt die Verbindung ohne Zersetzung. Erhitzt man stärker, so gibt sie Sauerstoff ab; der Rückstand enthält Kaliumnitrit (KNO_2).

Erhitzt man eine kleine Probe des Salzes vor dem Löthrohr auf der Kohle, so verpufft dieselbe unter Zurücklassung von Kaliumcarbonat (K_2CO_3).

Der Kaliumgehalt wird wie beim Chlorkalium erkannt.

Zur Erkennung der Salpetersäure fügt man zu einer kleinen Probe des trockenen Salzes einige Kupferstreifen (oder Feilspäne), bringt das Gemenge in eine Probirröhre und übergiesst mit concentrirter Schwefelsäure, welche mit dem gleichen Volumen Wasser verdünnt wurde. Es entwickelt sich sodann Stickoxyd (NO), welches in Berührung mit dem Sauerstoff der Luft, braunrothe Dämpfe von Untersalpetersäure (NO_2) gibt.

$$2KNO_3 + H_2SO_4 = KHSO_4 + 2HNO_3.$$
$$8HNO_3 + 3Cu = 3Cu(NO_3)_2 + 2NO + 4H_2O.$$

Fügt man zu einer Auflösung von Kaliumnitrat eine kalt gesättigte Auflösung von *Eisenoxydulsulfat* in Wasser und setzt hierauf (indem man das Probirglas neigt), *tropfenweise* concentrirte Schwefelsäure hinzu, so entsteht an der Berührungsstelle der Flüssigkeitsschichten ein brauner Ring. (Unterschied von der salpetrigen Säure, welche die Reaction ohne Schwefelsäure gibt.)

$$6FeSO_4 + 2HNO_3 + 3H_2SO_4 = 3Fe_2(SO_4)_3 + 2NO + 4H_2O.$$

Bringt man zu der Kaliumnitratlösung etwas *Zink* (am besten Zinkpulver), fügt verdünnte Schwefelsäure hinzu und erwärmt längere Zeit, so wird das Kaliumnitrat in *Kaliumnitrit* (KNO_2) umgewandelt.

$$KNO_3 + Zn + H_2SO_4 = KNO_2 + ZnSO_4 + H_2O.$$

Versetzt man diese Flüssigkeit mit etwas Stärkelösung und fügt alsdann Jodkalium hinzu, so entsteht blaue *Jodstärke*. (Siehe Kaliumnitrit.)

Jodkalium KJ.

Beim Erhitzen auf Platinblech schmilzt das Salz ohne Zersetzung.

Zur Erkennung des Kaliumgehaltes auf nassem Wege muss das Jod zuerst entfernt werden. Zu diesem Zwecke übergiesst man die trockene Substanz in einer kleinen Porzellanschale mit etwas concentrirter Schwefelsäure, erwärmt (es treten hierbei die violettgefärbten Joddämpfe auf) und verdampft schliesslich den Ueberschuss an Schwefelsäure im Sandbade, bis keine weissen Schwefelsäuredämpfe mehr auftreten. Der Rückstand besteht aus *Kaliumsulfat*.

$$2KJ + H_2SO_4 = K_2SO_4 + 2HJ \;[1]).$$

Das Kalium wird, wie S. 1 angegeben, nachgewiesen.

Zur Nachweisung des Jodgehaltes versetzt man die wässerige Lösung des Salzes mit:

Silbernitrat ($AgNO_3$): gelblicher Niederschlag von Jodsilber (AgJ), unlöslich in Salpetersäure, sehr schwer in Ammoniak auflöslich.

Quecksilberoxydulnitrat ($Hg_2(NO_3)_2$) im Ueberschusse [2]): gelblichgrünes Quecksilberjodür (Hg_2J_2).

Quecksilberchlorid ($HgCl_2$) im Ueberschusse [3]): rother Niederschlag von Quecksilberjodid (HgJ_2).

$$HgCl_2 + 2KJ = HgJ_2 + 2KCl.$$

Palladiumchlorür ($PdCl_2$): dunkelschwarzes Palladiumjodür (PdJ_2).

---

[1]) Die Jodwasserstoffsäure wird durch die Schwefelsäure theilweise unter Abscheidung von Jod zersetzt.

[2]) Fügt man nur einige Tropfen $Hg_2(NO_3)_2$ hinzu, ist also KJ im Ueberschusse vorhanden, so scheidet sich graues metallisches Quecksilber aus, unter Bildung von Kaliumquecksilberjodid (K_2HgJ_4; siehe Quecksilberoxydulnitrat.

[3]) Dieser Niederschlag entsteht ebenfalls nur dann, wenn das $HgCl_2$ vorwaltet. Im anderen Falle bildet sich in KJ lösliches Kaliumquecksilberjodid. $HgJ_2 + 2KJ = K_2HgJ_4$.

Versetzt man eine geringe Menge Jodkaliumlösung mit einigen Tropfen [1]) *Chlorwasser* oder mit *Kaliumbichromatlösung* ($K_2Cr_2O_7$) und verdünnter Schwefelsäure, oder auch mit *rauchender Salpetersäure*, so wird Jod frei.

$$KJ + Cl = KCl + J.$$

$$6KJ + K_2Cr_2O_7 + 7H_2SO_4 = 6J + Cr_2(SO_4)_3 + 4K_2SO_4 + 7H_2O.$$

$$2HJ + NO_2 = 2J + NO + H_2O.$$

Fügt man nun *Chloroform* ($CHCl_3$) oder *Schwefelkohlenstoff* (CS_2) hinzu und schüttelt, so wird das freigewordene Jod davon aufgenommen und färbt die Flüssigkeit violett.

Bromkalium KBr.

Erhitzt man eine Probe der Verbindung auf Platinblech, so verknistert dieselbe ähnlich wie das Chlorkalium und schmilzt schliesslich zu einer klaren Flüssigkeit.

Zur Erkennung des Kaliumgehaltes verfährt man genau, wie beim Jodkalium angegeben; es treten beim Behandeln mit concentrirter Schwefelsäure braunrothgefärbte Bromdämpfe auf.

Zur Erkennung des Bromgehaltes versetzt man einen Theil der wässerigen Auflösung mit:

Silbernitrat ($AgNO_3$): weisslichgelber Niederschlag von Bromsilber (AgBr), unlöslich in Salpetersäure, schwer löslich in Ammoniak.

Quecksilberoxydulnitrat ($Hg_2(NO_3)_2$): es entsteht Quecksilberbromür (Hg_2Br_2), von derselben Farbe wie das Bromsilber.

Quecksilberchlorid ($HgCl_2$): weisser, in vielem Wasser löslicher Niederschlag von Quecksilberbromid $HgBr_2$. (Unterschied von Jod.)

---

[1]) Fügt man Chlorwasser im Ueberschusse hinzu, so wird das ausgeschiedene Jod zu Jodsäure oxydirt, in Folge dessen die Reaction nicht eintreten kann. $2J + 10Cl + 5H_2O = J_2O_5 + 10HCl$.

Diese Reaction tritt nur ein, wenn die Lösung des Quecksilberchlorids nicht zu verdünnt ist.

Palladiumchlorür (PdCl₂) bringt keine Fällung hervor. (Unterschied von Jod.)

Versetzt man die wässerige Lösung vom Bromkalium mit etwas *Chlorwasser*, so wird die Flüssigkeit in Folge ausgeschiedenen *Broms* braun gefärbt. Schüttelt man diese mit Schwefelkohlenstoff oder Chloroform, so geht das Brom in diese Substanzen über und färbt sie gelb bis braunroth.

Kaliumhydrooxalat $C_2KHO_4 + H_2O$.

(Saures oxalsaures Kali. Kleesalz.)

Im Glasröhrchen erhitzt, verliert es zuerst das Krystallwasser; erhitzt man stärker, so tritt Zersetzung ein, es entweicht Kohlenoxydgas (mit blauer Flamme brennbar) nebst Kohlensäure, und der Rückstand besteht aus Kaliumcarbonat.

$$2C_2KHO_4 = K_2CO_3 + 2CO + CO_2 + H_2O.$$

Zur Erkennung des Kaliumgehaltes führt man die Verbindung durch mässiges Glühen im Porzellantiegel in Kaliumcarbonat über; der Rückstand wird in wenig verdünnter Chlorwasserstoffsäure gelöst, die Lösung eingedampft und mit der wässerigen Lösung des Rückstandes werden die beim Chlorkalium angegebenen Reactionen ausgeführt.

Zur Nachweisung der Oxalsäure ($C_2H_2O_4$) versetzt man die wässerige Lösung mit:

Chlorcalcium (CaCl₂): weisser Niederschlag von Calciumoxalat (CaC₂O₄), unlöslich in Essigsäure, löslich in Chlorwasserstoffsäure.

$$C_2KHO_4 + CaCl_2 = CaC_2O_4 + KCl + HCl.$$

Uebergiesst man die trockene Verbindung mit concentrirter Schwefelsäure und erwärmt, so zerfällt die Oxalsäure in Kohlensäure und Kohlenoxyd.

$$2C_2KHO_4 + H_2SO_4 = K_2SO_4 + 2CO + 2CO_2 + 2H_2O.$$

Leitet man das Gasgemenge in Kalkwasser, so trübt sich dasselbe durch Bildung von Calciumcarbonat ($CaCO_3$).

$$CaH_2O_2 + CO_2 = CaCO_3 + H_2O.$$

Natriumcarbonat $Na_2CO_3 + 10H_2O$.

(Kohlensaures Natron. Soda.)

Erhitzt man das krystallisirte Salz auf Platinblech, so schmilzt es, und das Krystallwasser wird ausgetrieben. Der Rückstand enthält wasserfreies Natriumcarbonat. (Calcinirte Soda.)

Das Salz ist leicht auflöslich in Wasser zu einer alkalisch reagirenden Flüssigkeit.

Uebergiesst man die trockene Substanz oder die wässerige Lösung mit einer verdünnten Säure, z. B. Schwefelsäure, so entweicht die Kohlensäure unter Aufbrausen.

$$Na_2CO_3 + H_2SO_4 = Na_2SO_4 + CO_2 + H_2O.$$

Der Natriumgehalt gibt sich durch die gelbe Färbung, welche eine Probe der Verbindung der Gasflamme er-
theilt, zu erkennen. Diese Färbung verschwindet, wenn man die Natriumflamme durch blaues Kobaltglas oder eine Schicht Indigolösung beobachtet. (Unterschied von Kaliumverbindungen; siehe Chlorkalium.)

Die Auflösung von Natriumcarbonat wird weder durch Weinsäure noch durch Platinchlorid gefällt. (Unterschied von den Kaliumverbindungen.)

Zur Nachweisung der Kohlensäure bringt man eine Probe der trockenen Verbindung in ein kleines Kochkölbchen und versieht dieses mit Trichter und Gasentbindungsrohr, welch' letzteres in Kalkwasser eintaucht. Giesst man nun verdünnte Schwefel- oder Salzsäure durch das Trichterrohr auf die Substanz, so strömt die Kohlensäure in das Kalkwasser über, welches durch Bildung von Calciumcarbonat ($CaCO_3$) getrübt wird.

Natriumphosphat $Na_2HPO_4 + 12H_2O$.
(Phosphorsaures Natron.)

Beim Erhitzen auf Platinblech verliert es sein **Krystall-**wasser. Erhitzt man bis zum Glühen, so enthält **der** Rückstand Natriumpyrophosphat.

$$2Na_2HPO_4 = Na_4P_2O_7 + H_2O.$$

Die Lösung des Salzes in Wasser reagirt alkalisch.

Zur Erkennung des Natriumgehaltes **verfährt** man wie beim Natriumcarbonat.

Die Phosphorsäure (H_3PO_4) wird **gefällt** durch:

Silbernitrat ($AgNO_3$) als gelbes Silberphosphat (Ag_3PO_4), löslich in Ammoniak und Salpetersäure.

$$Na_2HPO_4 + 3AgNO_3 = Ag_3PO_4 + 2NaNO_3 + HNO_3.$$

Bleiacetat ($Pb(C_2H_3O_2)_2$): weisses Bleiphosphat ($Pb_3(PO_4)_2$), unlöslich in Essigsäure, löslich in Salpetersäure und aus dieser Lösung durch Ammoniak wieder fällbar.

$$3Pb(C_2H_3O_2)_2 + 2Na_2HPO_4 = Pb_3(PO_4)_2 + 4NaC_2H_3O_2 + 2C_2H_4O_2.$$

Chlorcalcium ($CaCl_2$): weisses Calciumphosphat ($CaHPO_4$), löslich in Chlorwasserstoffsäure und Salpetersäure.

$$Na_2HPO_4 + CaCl_2 = CaHPO_4 + 2NaCl.$$

Aus dieser Lösung fällt Ammoniak wieder Calciumphosphat ($Ca_3(PO_4)_2$).

$$3CaHPO_4 + 3NH_3 = Ca_3(PO_4)_2 + (NH_4)_3PO_4.$$

Chlorbaryum ($BaCl_2$): weisses Baryumphosphat ($BaHPO_4$), welches sich gegen Chlorwasserstoffsäure und Ammoniak wie Calciumphosphat verhält.

Versetzt man die Auflösung von Natriumphosphat mit Natriumacetat ($C_2NaH_3O_2$) im Ueberschusse, fügt Eisenchlorid (Fe_2Cl_6) bis zur rothen Färbung der Flüssigkeit hinzu, verdünnt mit Wasser und kocht, so entsteht ein gelbrother Niederschlag von basischem Eisenacetat mit Eisenphosphat ($Fe_2(PO_4)_2$). Das Filtrat ist sowohl frei von Phosphorsäure als von Eisen.

Fügt man zu der Auflösung von Natriumphosphat *Chlormagnesiumlösung* [1]), so entsteht ein weisser, krystallinischer Niederschlag von **Ammonium-Magnesiumphosphat** ($MgNH_4PO_4$), in Säuren leicht auflöslich.

$$Na_2HPO_4 + MgCl_2 + NH_3 + 6H_2O = MgNH_4PO_4 6H_2O + 2NaCl.$$

Säuert man die wässerige Lösung des Salzes mit Salpetersäure an und fügt eine Lösung von *Ammoniummolybdat* (($NH_4)_2MoO_4$) [2]) in grossem Ueberschusse hinzu, so entsteht ein hellgelber, schwer-pulveriger Niederschlag von **Ammoniumphosphatmolybdat** (($NH_4)_3PO_4 + 10MoO_3$); der Niederschlag ist unlöslich in Säuren, leicht löslich in Ammoniak. Schwaches Erwärmen befördert die Bildung des Niederschlages. In der ammoniakalischen Lösung desselben bringt Chlormagnesiumlösung den oben erwähnten Niederschlag von Ammonium-Magnesiumphosphat hervor.

Natriumbiborat $Na_2B_4O_7 + 10H_2O$.

(Saures borsaures Natron. Borax.)

Auf dem Platinblech erhitzt, bläht sich die Verbindung auf und gibt Krystallwasser ab. Erhitzt man am Platindraht, so tritt Schmelzen ein, und man erhält eine klare Perle (Boraxperle).

Die wässerige Auflösung reagirt alkalisch.

Zur Erkennung des Natriumgehaltes verfährt man wie beim Natriumcarbonat.

---

[1]) Lösung von Chlormagnesium in Wasser, welche man mit einem Ueberschusse von Chlorammonium und dann mit Ammoniak versetzt. Die Mischung muss so viel Chlorammonium enthalten, dass auf nachherigen Zusatz von Ammoniak keine Ausscheidung von Magnesiahydrat erfolgt. Findet letzteres statt, so setzt man noch Chlorammonium hinzu, bis die Flüssigkeit klar wird.

$$2MgCl_2 + 2NH_3 + 2H_2O = Mg(NH_4)_2Cl_4 + MgH_2O_2; \quad MgH_2O_2 + 4NH_4Cl = Mg(NH_4)_2Cl_4 + 2NH_3 + 2H_2O.$$

[2]) Die Bereitung dieser Lösung siehe im Anhang: Concentration der Reagentien.

Zur Nachweisung der Borsäure versetzt man die concentrirte Auflösung des Salzes mit:

Concentrirter Schwefelsäure, welche, besonders nach dem Erkalten der Flüssigkeit, Borsäurehydrat (H_3BO_3) ausscheidet.

$$2Na_2B_4O_7 + 4H_2SO_4 + 10H_2O = 8H_3BO_3 + 4NaHSO_4.$$

Ein mit dieser Flüssigkeit befeuchtetes Curcumapapier wird, besonders nach dem Trocknen, braunroth gefärbt.

Chlorbaryum ($BaCl_2$): weisser Niederschlag von Baryumbiborat (BaB_4O_7), in vielem Wasser löslich.

$$Na_2B_4O_7 + BaCl_2 = BaB_4O_7 + 2NaCl.$$

Versetzt man die trockene Substanz oder die Lösung in Wasser mit concentrirter Schwefelsäure (zur Abscheidung der Borsäure), bringt eine Probe an den Platindraht und erhitzt in der Gasflamme, so wird diese grün gefärbt.

Natriumhyposulfit $Na_2S_2O_3 + 5H_2O$.

(Unterschwefeligsaures Natron.)

Durch Erhitzen auf Platinblech verliert das Salz zuerst sein Krystallwasser und zerfällt alsdann bei weiterem Erhitzen in Natriumsulfat und Natriumpentasulfid.

$$4Na_2S_2O_3 = 3Na_2SO_4 + Na_2S_5.$$

In Wasser ist das Natriumhyposulfit leicht auflöslich; der Natriumgehalt kann, wie beim Natriumcarbonat angegeben, nachgewiesen werden.

Zur Erkennung der unterschwefeligen Säure versetzt man die Auflösung mit:

Bleiacetat ($Pb(C_2H_3O_2)_2$): weisser Niederschlag von Bleihyposulfit (PbS_2O_3), welcher bald, besonders beim Erwärmen, in schwarzes Bleisulfid (PbS) zerfällt.

$$Na_2S_2O_3 + Pb(C_2H_3O_2)_2 = PbS_2O_3 + 2NaC_2H_3O_2.$$
$$PbS_2O_3 + H_2O = PbS + H_2SO_4.$$

Silbernitrat ($AgNO_3$): weisses Silberhyposulfit ($Ag_2S_2O_3$), welches allmälich gelb, braun und schliesslich schwarz wird, indem sich Schwefelsilber (Ag_2S) bildet.

$$2AgNO_3 + Na_2S_2O_3 = Ag_2S_2O_3 + 2NaNO_3.$$
$$Ag_2S_2O_3 + H_2O = Ag_2S + H_2SO_4.$$

Kupfersulfat ($CuSO_4$): Niederschlag von gelbem **Kupfer-hyposulfit** (CuS_2O_3), das, besonders beim Erwärmen, in **Schwefelkupfer** und **Schwefelsäurehydrat** zerfällt.

$$CuS_2O_3 + H_2O = CuS + H_2SO_4.$$

Durch stärkere Säuren, Chlorwasserstoffsäure oder verdünnte Schwefelsäure, wird die unterschwefelige Säure in sich abscheidenden **Schwefel** und **schwefelige Säure** zerlegt, welch' letztere durch den Geruch erkennbar ist.

$$Na_2S_2O_3 + 2HCl = SO_2 + S + 2NaCl + H_2O.$$

Uebersättigt man einen Theil der Flüssigkeit mit *Bromwasser*, oder besser mit einer Lösung von Brom in Chlorwasserstoffsäure, so verschwindet der in der Flüssigkeit suspendirte Schwefel unter Bildung von **Schwefelsäure**.

$$S + 6Br + 4H_2O = H_2SO_4 + 6HBr.$$

Natriumsilicat Na_4SiO_4.

(Natron-Wasserglas.)

Wird durch Erhitzen auf Platinblech nicht verändert. In kaltem Wasser löst sich Natriumsilicat schwer, in gepulvertem Zustande in kochendem Wasser leichter auf. Die Auflösung reagirt stark alkalisch.

Zur Erkennung der **Kieselsäure** versetzt man die wässerige Auflösung mit:

Verdünnter Salz- oder *Salpetersäure*. Es entsteht ein weisser Niederschlag von **Kieselsäurehydrat**.

$$Na_4SiO_4 + 4HCl = H_4SiO_4 + 4NaCl.$$

Ist die Auflösung stark verdünnt, so entsteht keine Fällung, indem dann die Kieselsäure in der Flüssigkeit gelöst bleibt.

Ammoniumcarbonat (($NH_4)_4C_2O_3$) oder *Chlorammonium* (NH_4Cl) fällen dagegen auch aus verdünnten Wasserglaslösungen in der Wärme die Kieselsäure aus, unter Entwickelung von Ammoniak.

$$Na_4SiO_4 + (NH_4)_4C_2O_3 = H_4SiO_4 + 2Na_2CO_3 + 4NH_3 + CO_2.$$

$$Na_4SiO_4 + 4NH_4Cl = H_4SiO_4 + 4NaCl + 4NH_3.$$

Zur Ueberführung der löslichen Kieselsäure (welche man

durch Fällung der wässerigen Auflösung mit verdünnten Säuren erhält) in die unlösliche Modification dampft man die Flüssigkeit bis zur Trockne ab und erhitzt den Rückstand. Befeuchtet man diesen mit Chlorwasserstoffsäure, fügt Wasser hinzu und erwärmt, so bleibt die Kieselsäure ungelöst zurück, und man kann in der filtrirten Flüssigkeit Chlornatrium (nach S. 2 u. 10) nachweisen.

Fügt man die erhaltene Kieselsäure zu einer Phosphorsalzperle (welche man durch Schmelzen von Phosphorsalz an dem ösenförmig umgebogenen Platindraht erhält), so schwimmt die Kieselsäure als unlösliche Masse in der Perle herum. (Kieselscelet.)

Kaliumnatriumtartrat $C_4H_4KNaO_6$.

(Seignettesalz.)

Beim Erhitzen auf Platinblech verliert das Salz zuerst sein Krystallwasser; beim stärkeren Erhitzen schwärzt sich der Rückstand, und es tritt der Geruch nach verbranntem Zucker auf. Der Rückstand enthält alsdann ein Gemenge von Kalium- und Natriumcarbonat mit Kohlenstoff.

$$2C_4H_4KNaO_6 = K_2CO_3 + Na_2CO_3 + 4H_2O + 5C + CO_2.$$

Löst man den Rückstand in Wasser, filtrirt die Kohle ab und dampft das Filtrat auf Zusatz von Chlorwasserstoffsäure ein, so resultirt ein Gemenge von Chlorkalium und Chlornatrium.

Um das Kalium neben Natrium nachzuweisen, bringt man eine kleine Probe an einem Platindraht zum Glühen — gelbe Flammenfärbung: Natrium. Alsdann beobachtet man die Flamme durch Kobaltglas oder Indigolösung (S. 2) — violette Färbung: Kalium.

Chlorammonium NH_4Cl.

(Salmiak.)

Beim Erhitzen im Glasröhrchen sublimirt es ohne zu schmelzen. Auf Platinblech erhitzt, verflüchtigt es sich vollständig. Zur Erkennung des Ammoniumgehaltes versetzt man die wässerige Lösung mit:

Platinchlorid (PtCl$_4$): gelber Niederschlag von Ammoniumplatinchlorid.

$$2NH_4Cl + PtCl_4 = (NH_4)_2PtCl_6.$$

In verdünnten Lösungen entsteht der Niederschlag entweder gar nicht oder erst nach längerer Zeit. Zusatz von Alkohol beschleunigt die Abscheidung desselben.

Zur Nachweisung geringer Mengen von Ammoniak verfährt man, wie S. 1 bei Kalium angegeben.

Weinsäure (C$_4$H$_6$O$_6$): weisses, krystallinisches Ammoniumhydrotartrat.

$$NH_4Cl + C_4H_6O_6 = C_4H_5NH_4O_6 + HCl.$$

Kieselfluorwasserstoffsäure erzeugt keine Fällung. (Unterschied von Kaliumverbindungen.)

Bringt man eine Probe des trockenen Salzes in ein Probirröhrchen, übergiesst mit *Kali* oder *Natronlauge* und erwärmt, so wird das Ammoniak (NH$_4$Cl + KHO = NH$_3$ + KCl + H$_2$O) frei, welches sowohl an seinem Geruch als auch daran zu erkennen ist, dass ein mit verdünnter Salz- oder Salpetersäure befeuchteter Glasstab an den Rand der Probirröhre gebracht, dichte weisse Nebel (von Chlorammonium oder Ammoniumnitrat) erzeugt. Rothes Lackmuspapier wird durch das freiwerdende Ammoniak gebläut; ferner schwärzt sich ein mit Quecksilberoxydulnitrat befeuchtetes Papier. (S. Quecksilberoxydulnitrat.)

Zur Erkennung des Chlorgehaltes kann man wie beim Chlorkalium (S. 1) verfahren.

Chlorbaryum BaCl$_2$ + 2H$_2$O.

Auf Platinblech erhitzt, verliert es sein Krystallwasser; erhitzt man stärker, so schmilzt das Salz und wird theilweise zerlegt. Der Rückstand enthält ein Gemisch von Chlorbaryum und Barythydrat (BaH$_2$O$_2$) und reagirt alsdann alkalisch.

Zur Erkennung des Baryumgehaltes wird die wässerige Lösung des Salzes mit:

Kali- oder *Natronlauge* versetzt: weisser Niederschlag von
Barythydrat.

$$BaCl_2 + 2NaHO = BaH_2O_2 + 2NaCl.$$

Verdünnte Auflösungen werden nicht gefällt.

Ammoniak erzeugt keine Fällung; enthält das Reagens
Kohlensäure, so entsteht eine geringe Trübung von Baryumcarbonat ($BaCO_3$).

Ammonium- oder *Natriumcarbonat:* weisses **Baryumcarbonat**, in verdünnter Chlorwasserstoff- oder Salpetersäure,
unter Aufbrausen löslich.

$$2BaCl_2 + (NH_4)_4C_2O_8 = 2BaCO_8 + 4NH_4Cl + CO_2.$$

Verdünnte Schwefelsäure (H_2SO_4) oder in Wasser lösliche
Sulfate, selbst Auflösung von *Calciumsulfat* ($CaSO_4$), erzeugen
einen weissen Niederschlag von **Baryumsulfat** ($BaSO_4$), in
allen Säuren unlöslich.

$$BaCl_2 + CaSO_4 = BaSO_4 + CaCl_2.$$

Natriumphosphat (Na_2HPO_4): weisses **Baryumphosphat**
($BaHPO_4$), in verdünnter Chlorwasserstoff- oder Salpetersäure
löslich.

$$Na_2HPO_4 + BaCl_2 = BaHPO_4 + 2NaCl.$$

Kaliumbichromat ($K_2Cr_2O_7$): gelbe Fällung von **Baryumchromat** ($BaCrO_4$), in Essigsäure unlöslich, in verdünnter
Chlorwasserstoff- oder Salpetersäure auflöslich.

$$K_2Cr_2O_7 + 2BaCl_2 + H_2O = 2BaCrO_4 + 2KCl + 2HCl.$$

Kieselfluorwasserstoffsäure (H_2SiFl_6): weisses durchschei-
nendes **Kieselfluorbaryum** ($BaSiFl_6$), in Säuren löslich.

$$BaCl_2 + H_2SiFl_6 = BaSiFl_6 + 2HCl.$$

Auf Zusatz von Alkohol erfolgt auch in sauren Lösungen
vollständige Ausscheidung des Niederschlages.

Am Platindraht in die Flamme gebracht, färbt das Chlorbaryum dieselbe grünlichgelb.

Baryumcarbonat $BaCO_3$.

(Kohlensaurer Baryt.)

Wird durch Erhitzen auf Platinblech nicht verändert.
Baryumcarbonat ist unlöslich in Wasser, löslich in verdünnter

Chlorwasserstoff- oder Salpetersäure. unter Entwickelung von Kohlensäuregas.

$$BaCO_3 + 2HCl = BaCl_2 + CO_2 + H_2O.$$

Wendet man verdünnte Schwefelsäure an, so bildet sich unlösliches Baryumsulfat (BaSO₄).

Zur Nachweisung des Baryums löst man eine Probe der Verbindung in verdünnter Chlorwasserstoffsäure und entfernt die überschüssige Säure durch Eindampfen. Der Rückstand besteht aus Chlorbaryum (BaCl₂).

Zur Nachweisung der Kohlensäure verfährt man wie beim Natriumcarbonat (S. 10).

Baryumsulfat BaSO₄.

(Schwefelsaurer Baryt.)

Auf Platinblech erhitzt, erleidet es keine Veränderung. Die Verbindung ist in Säuren unlöslich. Um dieselbe in Lösung zu bringen, aufzuschliessen (d. h. in eine in Säuren lösliche Verbindung überzuführen), mengt man eine kleine Probe mit dem 3—4fachen Gewichte an Natriumcarbonat (calcinirte Soda) und schmilzt auf dem Platinblech. Die Zersetzung ist beendet, wenn keine Kohlensäurebläschen mehr in der geschmolzenen Masse aufsteigen. Die Schmelze enthält (neben unzersetztem Natriumcarbonat) Baryumcarbonat und Natriumsulfat.

$$BaSO_4 + Na_2CO_3 = BaCO_3 + Na_2SO_4.$$

Natriumsulfat löst sich in Wasser, während Baryumcarbonat unlöslich ist. Man kocht daher mit Wasser aus, filtrirt das Baryumcarbonat ab und wäscht dieses so lange aus, bis ein Tropfen der filtrirten Flüssigkeit, auf dem Platinbleche eingedampft, keinen Rückstand hinterlässt.

Zur Nachweisung des Baryums wird das Baryumcarbonat durch Lösen in Chlorwasserstoffsäure in Chlorbaryum übergeführt und dieses, wie Seite 16 angegeben, auf den Baryumgehalt untersucht.

Zur Erkennung der Schwefelsäure wird die Natriumsulfatlösung, welche noch Natriumcarbonat enthält, zur

Zersetzung desselben mit Chlorwasserstoffsäure bis zur sauren Reaction versetzt, erwärmt, bis die Kohlensäure ausgetrieben, und die Schwefelsäure wie beim Kaliumsulfat (S. 3) nachgewiesen.

Baryumsulfat gibt, vor dem Löthrohr auf der Kohle mit Natriumcarbonat geschmolzen, Hepar. (Siehe Kaliumsulfat S. 4.)

$$BaSO_4 + 2C = BaS + 2CO_2.$$

Chlorstrontium $SrCl_2 + 6H_2O$.

Verliert beim Erhitzen auf Platinblech sein Krystallwasser. Die wässerige Lösung des Salzes verhält sich gegen:

Kali- oder *Natronlauge, Ammoniak, Ammonium-* oder *Natriumcarbonat* wie Chlorbaryum.

Verdünnte Schwefelsäure oder in Wasser lösliche Sulfate (auch Gypslösung) erzeugen weisses Strontiumsulfat ($SrSO_4$), in freien Säuren schwer löslich. Verdünnte Lösungen werden erst nach einiger Zeit gefällt. (Unterschied von Baryumverbindungen, welche auch in stark verdünnten Lösungen sofort getrübt werden.)

Kaliumbichromat und *Kieselfluorwasserstoffsäure* bringen in Strontiumverbindungen keine Fällung hervor. (Unterschied von den Baryumsalzen.)

Chlorstrontium färbt, am Platindraht in die Flamme gebracht, dieselbe schön carminroth. (Unterschied von den Baryumverbindungen.)

Calciumcarbonat $CaCO_3$.

(Kohlensaurer Kalk.)

Wird durch Erhitzen auf Platinblech nicht verändert. Durch starkes Glühen verliert das Calciumcarbonat die Kohlensäure und geht in Calciumoxyd (kaustischer Kalk CaO) über.

Die Verbindung ist in Wasser unlöslich; in Chlorwasserstoffsäure, unter Bildung von Chlorcalcium und Kohlensäure, welche unter Aufbrausen entweicht, leicht löslich.

In der chlorwasserstoffsauren Lösung bringen hervor:

Kali- oder *Natronlauge:* weissen Niederschlag von **Kalk-hydrat** (CaH_2O_2).

$$CaCl_2 + 2NaHO = CaH_2O_2 + 2NaCl.$$

Da der Niederschlag in vielem Wasser auflöslich ist (Kalk-wasser), so entsteht in verdünnten Lösungen keine Fällung.

Ammonium- oder *Natriumcarbonat* ((NH_4)$_4C_3O_3$ oder Na_2CO_3): weisses **Calciumcarbonat** ($CaCO_3$).

Ammoniak (NH_3) erzeugt keine Fällung.

Calciumsulfat ($CaSO_4$) ebenfalls keinen Niederschlag. (Unterschied der Calciumverbindungen gegenüber den Baryum- und Strontiumverbindungen.)

Ammoniumoxalat ((NH_4)$_2C_2O_4$), nachdem die freie Salz-säure durch Ammoniak neutralisirt wurde, selbst in den ver-dünntesten Lösungen, einen weissen, in Essigsäure unlöslichen, Niederschlag von **Calciumoxalat** (CaC_2O_4).

$$CaCl_2 + (NH_4)_2C_2O_4 = CaC_2O_4 + 2NH_4Cl.$$

Gegen *Kaliumbichromat* und *Kieselfluorwasserstoffsäure* ver-halten sich die Calciumlösungen indifferent. (Unterschied von Baryumverbindungen.)

Am Platindraht in die Flamme gebracht, färbt das Chlor-calcium dieselbe gelblichroth. (Unterschied von Strontium und Baryum.)

Calciumphosphat $Ca_3(PO_4)_2$.

(Phosphorsaurer Kalk.)

Verhält sich beim Erhitzen auf Platinblech ähnlich wie Calciumcarbonat. Das Salz ist in Wasser unlöslich, leicht auflöslich in Salz- oder Salpetersäure. Versetzt man diese Lösung mit Ammoniak bis zur alkalischen Reaction, so ent-steht wiederum ein weisser Niederschlag von Calciumphosphat. Zur Nachweisung des **Calcium-** und **Phosphorsäure-**Gehaltes versetzt man die salzsaure Auflösung mit verdünnter Schwefelsäure und fügt ein gleiches Volumen Alkohol hinzu. Der Niederschlag ist **Calciumsulfat** ($CaSO_4$).

$$Ca_3(PO_4)_2 + 3H_2SO_4 = 3CaSO_4 + 2H_3PO_4.$$

Dieses filtrirt man ab, wäscht mit Alkohol aus und untersucht das Filtrat (nachdem man den Alkohol durch längeres Kochen oder Eindampfen verjagt hat) auf Phosphorsäure. (Wie beim Natriumphosphat S. 11.)

Das Calciumsulfat löst man in verdünnter Chlorwasserstoffsäure und untersucht die Lösung wie beim Calciumcarbonat (S. 19).

Calciumphosphat färbt die Gas- oder Löthrohrflamme grün, nach vorherigem Befeuchten mit Chlorwasserstoffsäure erscheint die Färbung orangegelb, wie beim Chlorcalcium.

Fluorcalcium CaFl₂.

(Flusspath.)

Wird durch schwaches Erhitzen auf Platinblech nicht verändert; beim stärkeren Erhitzen schmilzt es ohne Zersetzung.

In Wasser unlöslich, in gepulvertem Zustande in Salz- oder Salpetersäure löslich.

Durch Behandeln mit concentrirter Schwefelsäure wird das Fluorcalcium zersetzt, es bildet sich Calciumsulfat und Fluorwasserstoffsäure.

$$CaFl_2 + H_2SO_4 = CaSO_4 + 2HFl.$$

Zur Erkennung des Calciumgehaltes dampft man die überschüssige Schwefelsäure im Sandbade ab, löst den Rückstand in Chlorwasserstoffsäure und verfährt wie beim Calciumcarbonat.

Zur Nachweisung des Fluorgehaltes mengt man eine Probe der Verbindung mit Kieselsäure (Sand), übergiesst in einer Probirröhre mit concentrirter Schwefelsäure und erwärmt schwach.

$$2CaFl_2 + SiO_4 + 2H_2SO_4 = SiFl_4 + 2CaSO_4 + 2H_2O.$$

Hält man einen mit Wasser befeuchteten Glasstab an den Rand der Probirröhre, so überzieht er sich mit einer weissen Haut von Kieselsäurehydrat.

$$3SiFl_4 + 4H_2O = H_4SiO_4 + 2H_2SiFl_6.$$

Beim Erhitzen am Platindraht wird die Gas- oder Löthrohrflamme durch eine mit Salzsäure befeuchtete Probe von Fluorcalcium röthlich gefärbt.

Magnesiumsulfat $MgSO_4 + 7H_2O$.

(Schwefelsaure Magnesia. Bittersalz.)

Verliert beim Erhitzen auf Platinblech sein Krystallwasser. Die wässerige Auflösung versetzt man zur Erkennung des Magnesiums mit:

Kali- oder *Natronlauge*, *Baryt-* oder *Kalkwasser:* weisser Niederschlag von Magnesiahydrat (MgH_2O_2). Die Abscheidung des Niederschlages wird durch Erwärmen der Flüssigkeit wesentlich unterstützt. Die Gegenwart von Ammoniumsalzen verhindert die Fällung.

Ammoniak (NH_3) fällt die Hälfte des Magnesiums als Magnesiahydrat. (Unterschied von Baryum, Strontium und Calcium.) Die Gegenwart von Chlorammonium verhindert die Fällung.

$$2MgSO_4 + 2NH_3 + 2H_2O = MgH_2O_2 + (NH_4)_2Mg(SO_4)_2.$$

Natriumcarbonat (Na_2CO_3): weisser, gallertartiger Niederschlag von basischem Magnesiumcarbonat ($3MgCO_3 + MgH_2O_2 + 4H_2O$).

Ammoniumcarbonat (($NH_4)_4C_2O_8$): in verdünnten Lösungen keine Fällung. (Unterschied von Baryum-, Strontium- und Calciumverbindungen.)

Versetzt man die Magnesiumsulfatlösung mit einem Ueberschuss von Chlorammonium, dann mit Ammoniak und fügt zu der klaren Flüssigkeit[1]) *Phosphorsalz* (NH_4NaHPO_4) hinzu, so entsteht ein weisser, krystallinischer Niederschlag von Ammonium-Magnesiumphosphat ($MgNH_4PO_4 + 6H_2O$; siehe Natriumphosphat S. 12).

Fügt man zu der concentrirten Auflösung des Magnesiumsulfats Ammonium- oder Kaliumoxalat, so bleibt die Flüssigkeit klar, indem sich lösliches Ammonium(Kalium)-Magnesiumoxalat bildet. Erwärmt man diese Flüssigkeit und fügt dann ein gleiches Volumen concentrirte Essigsäure hinzu, so wird

---

[1]) Hat sich auf Zusatz von Ammoniak ein Niederschlag gebildet, so ist nicht genügend Chlorammonium vorhanden. (Siehe Natriumphosphat S. 12, Anmerkung.)

das Doppelsalz unter Abscheidung von krystallinischem Magnesiumoxalat zersetzt.

Die Nachweisung der Schwefelsäure geschieht ,wie beim Kaliumsulfat (S. 3).

Die Gas- oder Löthrohrflamme wird durch Magnesiumsulfat nicht gefärbt.

Blei.

Wird eine kleine Probe ¦von Blei vor dem Löthrohr auf der Kohle in der Oxydationsflamme erhitzt, so bildet sich ein gelber Beschlag von Bleioxyd (PbO).

Blei ist unlöslich in Chlorwasserstoffsäure und Schwefelsäurehydrat, löst sich indess leicht in Salpetersäure unter Bildung von Bleinitrat und Stickoxydgas.

$$3Pb + 8HNO_3 = 3Pb(NO_3)_2 + 2NO + 4H_2O.$$

Die salpetersaure Lösung wird gefällt durch:

Kali- oder *Natronlauge* als weisses Bleioxydhydrat (PbH$_2$O$_2$), im Ueberschuss des Fällungsmittels auflöslich.

Ammoniak (NH$_3$): weisser Niederschlag von basischem Bleinitrat.

$$2Pb(NO_3)_2 + 2NH_3 + 2H_2O = [Pb(NO_3)_2 + PbH_2O_2] + 2NH_4NO_3.^{\prime}$$

Natriumcarbonat (Na$_2$CO$_3$): als weisses Bleicarbonat (PbCO$_3$).

Kaliumbichromat (K$_2$Cr$_2$O$_7$): als gelbes Bleichromat (PbCrO$_4$).

$$Pb(NO_3)_2 + K_2Cr_2O_7 + H_2O = PbCrO_4 + H_2CrO_4 + 2KNO_3.$$

Chlorwasserstoffsäure: als Chlorblei (PbCl$_2$), im Ueberschuss des Fällungsmittels und in vielem, besonders in heissem Wasser auflöslich.

Verdünnte Schwefelsäure oder *lösliche Sulfate:* weisses Bleisulfat (PbSO$_4$), in verdünnten Säuren schwer löslich, in Ammoniumacetat (C$_2$H$_3$NH$_4$O$_2$) und Ammoniumtartrat (C$_4$H$_5$NH$_4$O$_6$) löslich. Aus diesen Auflösungen fällt Kaliumbichromat gelbes Bleichromat.

Schwefelwasserstoff (H_2S): schwarzes Schwefelblei (PbS), in verdünnten Säuren unlöslich.

$$Pb(NO_3)_2 + H_2S = PbS + 2HNO_3.$$

Zink: Ausscheidung von krystallinischem, metallischem Blei.

Bleiacetat $Pb(C_2H_3O_2)_2 + 3H_2O.$

(Essigsaures Bleioxyd. Bleizucker.)

Verliert beim schwachen Erhitzen im Glasröhrchen das Krystallwasser; erhitzt man stärker, so wird dasselbe zersetzt, der im Glasröhrchen befindliche Rückstand enthält alsdann ein Gemisch von Kohle mit metallischem Blei.

Zur Nachweisung des Bleigehaltes untersucht man die wässerige Lösung des Salzes, wie vorstehend angegeben.

Zur Erkennung der Essigsäure ($C_2H_4O_2$) erwärmt man das trokene Salz in einer Probirröhre mit concentrirter Schwefelsäure, wobei die Essigsäure frei wird, welche leicht an ihrem charakteristischen Geruche erkennbar ist.

$$Pb(C_2H_3O_2)_2 + H_2SO_4 = 2C_2H_4O_2 + PbSO_4.$$

Fügt man zu einem andern Theil der Lösung etwas *Weingeist* und dann *concentrirte Schwefelsäure,* so entsteht beim Erwärmen Essigäther, welcher sich durch angenehmen ätherischen Geruch auszeichnet.

$$Pb(C_2H_3O_2)_2 + 2C_2H_6O + H_2SO_4 = 2C_2H_5(C_2H_3O_2)$$
$$+ PbSO_4 + 2H_2O.$$

Bleiacetat auf der Kohle vor dem Löthrohr erhitzt, scheidet metallisches Blei ab, unter Bildung des gelben Bleioxyd-beschlages.

Mennige $Pb_3O_4.$

Beim Erhitzen auf der Kohle erhält man metallisches Blei. In Wasser unlöslich, löslich in Chlorwasserstoffsäure unter Bildung von Chlorblei ($PbCl_2$) und Chlorgas.

$$Pb_3O_4 + 8HCl = 3PbCl_2 + 2Cl + 4H_2O.$$

Durch Salpetersäure zerfällt dieselbe in Bleisuperoxyd

(PbO$_2$, in Salpetersäure unlöslich) und Bleinitrat (Pb(NO$_3$)$_2$), welches in Auflösung geht.

$$Pb_3O_4 + 4HNO_3 = PbO_2 + 2Pb(NO_3)_2 + 2H_2O.$$

Werksilber. (Legirung von Kupfer und Silber.)

Zur Trennung des Silbers von Kupfer, resp. zur Darstellung von reinem Silber, löst man die Legirung (Silbermünze) in verdünnter Salpetersäure und fügt zu der blauen Lösung (welche Silbernitrat und Kupfernitrat enthält [1]) so lange verdünnte Chlorwasserstoffsäure, als noch ein Niederschlag von Chlorsilber entsteht.

$$AgNO_3 + HCl = AgCl + HNO_3.$$

Die Flüssigkeit wird mit einem Glasstabe stark umgerührt und erwärmt, bis sich der Niederschlag vollständig abgesetzt hat. Die blaue Flüssigkeit wird decantirt, der Niederschlag mit destillirtem Wasser übergossen und wiederum decantirt. Man setzt das Auswaschen so lange fort, bis das Waschwasser auf Zusatz von Ammoniak nicht mehr blau gefärbt wird. Der Rückstand, welcher nunmehr reines Chlorsilber ist, wird mit ganz verdünnter Salzsäure versetzt und ein Stückchen Zink hinzugefügt. Nach längerem Stehen (etwa 24 Stunden) ist alles Chlorsilber in metallisches Silber übergeführt; die überstehende Flüssigkeit enthält Chlorzink.

$$2AgCl + Zn = 2Ag + ZnCl_2.$$

Diese wird abgegossen und das Silber durch mehrmaliges Auswaschen, Decantiren, vom Chlorzink gereinigt. Das Silber wird in verdünnter Salpetersäure gelöst und die Lösung zur Entfernung der überschüssigen Säure im Wasserbade zur Trockne verdampft. Die wässerige Auflösung des Rückstandes enthält Silbernitrat. Aus dieser fällt:

Kupfer, Zink, Eisen oder *Cadmium:* metallisches Silber.

$$2AgNO_3 + Cu = 2Ag + Cu(NO_3)_2.$$

---

[1] $3Ag + 4HNO_3 = 3AgNO_3 + NO + 2H_2O.$

$3Cu + 8HNO_3 = 3Cu(NO_3)_2 + 2NO + 4H_2O.$

Kali- oder *Natronlauge:* braunes Silberoxyd (Ag_2O.)
$$2AgNO_3 + 2KHO = Ag_2O + 2KNO_3 + H_2O.$$

Ammoniak (NH_3): dieselbe Verbindung, sehr leicht löslich im Ueberschuss. Ammoniaksalze verhindern die Fällung.

Natriumcarbonat (Na_2CO_3): gelbliches. Silbercarbonat (Ag_2CO_3).

Natriumphosphat (Na_2HPO_4): gelbes Silberphosphat (Ag_3PO_4), in Ammoniak und Salpetersäure löslich.
$$Na_2HPO_4 + 3AgNO_3 = Ag_3PO_4 + 2NaNO_3 + HNO_3.$$

Kaliumbichromat ($K_2Cr_2O_7$): rothbraunes Silberchromat (Ag_2CrO_4).

Chlorwasserstoffsäure: weisses, flockiges Chlorsilber ($AgCl$), unlöslich in Wasser und verdünnter Salpetersäure, leicht löslich in Ammoniak. (Unterschied von Chlorblei.)

Schwefelwasserstoff (H_2S): schwarzes Schwefelsilber (Ag_2S), in verdünnten Säuren unlöslich.

Verdünnte Schwefelsäure (H_2SO_4) erzeugt keine Fällung. (Unterschied von Bleiverbindungen.)

Quecksilber.

Wird beim Erhitzen im Glasröhrchen verflüchtigt und setzt sich an den kälteren Wandungen als weisser, glänzender Spiegel wieder ab. Unter der Loupe erscheint der Spiegel aus kleinen Kügelchen bestehend.

Quecksilber ist in Chlorwasserstoffsäure und verdünnter Schwefelsäure unlöslich; kalte Salpetersäure löst es (bei überschüssigem Quecksilber) zu

Quecksilberoxydulnitrat ($Hg_2(NO_3)_2$).

Aus dieser Lösung fällt

Kupfer: metallisches Quecksilber.

Kali- oder *Natronlauge:* schwarzes Quecksilberoxydul (Hg_2O).

Ammoniak (NH_3): schwarzes Quecksilberoxydulammoniumnitrat.
$$Hg_2(NO_3)_2 + 2NH_3 = NH_2Hg_2NO_3 + NH_4NO_3.$$

Kaliumbichromat ($K_2Cr_2O_7$): rothgelbes Quecksilber-oxydulchromat.

$$2Hg_2(NO_3)_2 + K_2Cr_2O_7 + H_2O = 2Hg_2CrO_4 + 2KNO_3 + H_2CrO_4.$$

Chlorwasserstoffsäure: weisses Quecksilberchlorür (Hg_2Cl_2), in verdünnter Salpetersäure unlöslich, auf Zusatz von Ammoniak sich schwärzend. (Unterschied von Chlorblei und Chlorsilber.)

$$Hg_2(NO_3)_2 + 2HCl = Hg_2Cl_2 + 2HNO_3.$$

Jodkalium (KJ): grünlichgelbes Quecksilberjodür (Hg_2J_2). Fügt man einen Ueberschuss von Jodkalium hinzu, so bildet sich lösliches Kalium-Quecksilberjodid (K_2HgJ_4) und metallisches Quecksilber, welches sich als graues Pulver abscheidet.

$$Hg_2(NO_3)_2 + 2KJ = Hg_2J_2 + 2KNO_3.$$
$$Hg_2J_2 + 2KJ = K_2HgJ_4 + Hg.$$

Schwefelwasserstoff (H_2S): schwarzes Schwefelqueck-silber (Hg_2S), unlöslich in Chlorwasserstoff- und Salpetersäure, in Königswasser auflöslich.

Erwärmt man die Quecksilberoxydulnitratlösung mit Salpetersäure, bis dieselbe durch Chlorwasserstoffsäure nicht mehr gefällt wird, so enthält die Lösung

Quecksilberoxydnitrat ($Hg(NO_3)_2$).

Aus dieser, von überschüssiger Salpetersäure durch Eindampfen befreiten Lösung fällt:

Kupfer: metallisches Quecksilber.

Kali- oder *Natronlauge,* in geringer Menge zugesetzt: braunes basisches Salz, welches durch einen Ueberschuss des Fällungsmittels in gelbes Quecksilberoxyd (HgO) übergeht.

Ammoniak (NH_3): eine weisse Amidverbindung ($N_2H_2Hg_3(NO_3)_2$).

Kaliumchromat (K_2CrO_4): gelbrothes Quecksilber-oxydchromat ($HgCrO_4$).

Chlorwasserstoffsäure: keine Fällung.

Jodkalium (KJ), tropfenweise hinzugefügt: rothes Quecksilberjodid (HgJ$_2$), im Ueberschuss des Fällungsmittels unter Bildung von Kaliumquecksilberjodid (K$_2$HgJ$_4$) auflöslich.

Schwefelwasserstoff (H$_2$S), tropfenweise hinzugefügt, zuerst einen weissen Niederschlag, aus Schwefelquecksilber und Quecksilberoxydnitrat bestehend (2HgS + Hg(NO$_3$)$_2$), welcher beim Hinzufügen von mehr Schwefelwasserstoff durch Braunroth in schwarzes Schwefelquecksilber (HgS) übergeht.

Zinnchlorür (SnCl$_2$): fällt zuerst weisses Quecksilberchlorür (Hg$_2$Cl$_2$); durch einen Ueberschuss des Fällungsmittels wird dieses zu metallischem Quecksilber, welches sich als graues Pulver ausscheidet, reducirt, unter Bildung von Zinnchlorid.

$$2Hg(NO_3)_2 + SnCl_2 = 2Hg_2Cl_2 + Sn(NO_3)_4.$$
$$Hg_2Cl_2 + SnCl_2 = 2Hg + SnCl_4.$$

Wismuth.

Schmilzt man Wismuth vor dem Löthrohr auf der Kohle, so entsteht ein gelber Beschlag von Wismuthoxyd (Bi$_2$O$_3$) und sprödes Metallkorn.

In Chlorwasserstoffsäure wenig, in Salpetersäure unter Bildung von Wismuthnitrat (Bi(NO$_3$)$_3$) leicht löslich.

In dieser Auflösung entsteht auf Zusatz von:

Wasser: ein weisser Niederschlag von basischem Wismuthoxydnitrat (Bi(HO)$_2$NO$_3$).

$$Bi(NO_3)_3 + 2H_2O = Bi(HO)_2NO_3 + 2NaNO_3.$$

Kali-, Natronlauge oder *Ammoniak* (NH$_3$): weisses Wismuthoxydhydrat (BiH$_3$O$_3$).

$$Bi(NO_3)_3 + 3NaHO = BiH_3O_3 + 3NaNO_3.$$

Der Niederschlag wird abfiltrirt, mit etwas Jodkalium und Schwefel gemengt und vor dem Löthrohr auf der Kohle schwach erhitzt. Es entsteht ein leichtflüchtiger, scharlachrother Beschlag von Wismuthjodid.

Natriumcarbonat (Na$_2$CO$_3$): weisses Wismuthcarbonat ((BiO)$_2$CO$_3$).

Kaliumbichromat ($K_2Cr_2O_7$): gelbes Wismuthchromat, löslich in verdünnter Salpetersäure.

$$2Bi(NO_3)_3 + K_2Cr_2O_7 + 2H_2O = (BiO)_2Cr_2O_7 + 2KNO_3 + H_2CrO_4.$$

Verdünnte Chlorwasserstoffsäure, auf nachherigen Zusatz von vielem Wasser: weisses Wismuthoxydchlorid (BiOCl).

$$BiCl_3 + H_2O = BiOCl + 2HCl.$$

Schwefelwasserstoff (H_2S): braunschwarzes Schwefel-wismuth (Bi_2S_3), in verdünnten Säuren unlöslich.

$$2Bi(NO_3)_3 + 3H_2S = Bi_2S_3 + 6HNO_3.$$

Kupfer.

Ueberzieht sich, vor dem Löthrohr auf Kohle erhitzt, mit einer dunkeln Schicht von Kupferoxyd.

Kupfer löst sich leicht in verdünnter Salpetersäure zu Kupfernitrat ($Cu(NO_3)_2$), unter Entwickelung von Stickstoff-oxydgas. (Siehe Werksilber S. 25; Anmerkung.)

Aus dieser Lösung fällt:

Eisen, Zink oder *Cadmium:* metallisches Kupfer.

Kali- oder *Natronlauge:* blaues Kupferoxydhydrat (CuH_2O_2). Beim Erwärmen verliert dasselbe einen Theil seines Hydratwassers und färbt sich schwarz. Der Nieder-schlag wird abfiltrirt, ein Theil desselben auf Kohle gebracht und nach Hinzufügen von etwas Soda vor dem Löthrohr geschmolzen. Das Kupferoxyd wird hierdurch zu Kupfer reducirt. Bringt man die erhaltene Schmelze in einen Achat-mörser und entfernt die Kohlenstückchen durch Zerreiben und Abschlämmen mit Wasser, so bleibt das metallische Kupfer in Form rother Flitter im Achatmörser zurück.

Bringt man eine geringe Menge des erhaltenen Kupfer-oxyds in die Boraxperle (die man durch Schmelzen von Borax an dem ösenförmig umgebogenen [Platindraht erhält) und schmilzt in der äusseren Löthrohrflamme (Oxydationsflamme), so wird dieselbe grün und nach dem Erkalten blau gefärbt. Die blaue Perle in der innern Löthrohrflamme (Reductions-flamme) auf Zusatz einer geringen Menge von Zinn erhitzt,

wird in Folge der Reduction des Kupferoxyds zu Kupferoxydul braunroth.

Ammoniak (NH₃), in geringer Menge zugefügt, gibt einen
grünlichblauen Niederschlag eines basischen Salzes. Durch
überschüssiges Ammoniak entsteht eine tiefblaue Lösung von
Kupferoxydnitrat-Ammoniak (Cu(NO₃)₂4NH₃). Auf Zusatz
von Cyankalium (KCN) wird die Flüssigkeit unter Bildung
von Kalium-Kupfercyanür (2KCyCuCy₂) entfärbt. Aus
dieser Auflösung wird durch Schwefelwasserstoff kein
Schwefelkupfer abgeschieden.

$$Cu(NO_3)_2 4NH_3 + 4KCy = 2KCyCuCy_2 + 2KNO_3 + 4NH_3.$$

Natriumcarbonat (Na₂CO₃): fällt blaugrünes Kupfer-
carbonat.

Ferrocyankalium (K₄FeCy₆): braunrothes F e r r o c y a n-
k u p f e r.

$$K_4FeCy_6 + 2Cu(NO_3)_2 = Cu_2FeCy_6 + 4KNO_3.$$

Schwefelwasserstoff (H₂S): fällt schwarzes S c h w e f e l-
k u p f e r (CuS), in verdünnten Säuren unlöslich.

Cadmium.

Vor dem Löthrohr auf der Kohle erhitzt, schmilzt es und
bildet einen braungelben Beschlag von Cadmiumoxyd (CdO).
In Chlorwasserstoffsäure oder verdünnter Schwefelsäure löst
es sich allmählich zu Chlorcadmium (CdCl₂) resp. Cadmium-
sulfat (CdSO₄), unter Entwickelung von Wasserstoffgas.

$$Cd + H_2SO_4 = CdSO_4 + 2H.$$

In Salpetersäure erfolgt die Lösung rascher unter Bildung
von Cadmiumnitrat (Cd(NO₃)₂) und Stickoxydgas.

Die Lösung wird gefällt durch:

Zink unter Abscheidung von metallischem Cadmium.

Kali- oder *Natronlauge:* als weisses Cadmiumoxyd-
hydrat (CdH₂O₂), im Ueberschuss des Fällungsmittels unlöslich.

Ammoniak (NH₃): als ebensolches, im Ueberschuss leicht
löslich. Ammoniaksalze verhindern die Fällung gänzlich.

Natriumcarbonat (Na_2CO_3): weisses Cadmiumcarbonat ($CdCO_3$).

Schwefelwasserstoff (H_2S): hellgelbes Schwefelcadmium (CdS), in verdünnten Säuren unlöslich.

Cyankalium (KCN): weisses Cadmiumcyanür, im Ueberschusse, unter Bildung von Cadmiumkaliumcyanür auflöslich. Aus dieser Lösung fällt Schwefelwasserstoff gelbes Schwefelcadmium. (Unterschied von Kupfer.)

$$Cd(NO_3)_2 + 4KCy = CdCy_2 2KCy + 2KNO_3.$$

Arsenige Säure As_2O_3.

Im Glasröhrchen erhitzt, sublimirt dieselbe unzersetzt und setzt sich an den kälteren Theilen der Röhre wieder an. Auf Zusatz eines Reductionsmittels, z. B. Holzkohle oder Cyankalium, wird arsenige Säure durch Erhitzen im Glasröhrchen zu Arsen reducirt, welches sich in Form eines grauschwarzen Spiegels (Arsenspiegel) an den kälteren Wandungen ablagert.

$$2As_2O_3 + 3C = 4As + 3CO_2.$$

$$As_2O_3 + 3KCy = 2As + 3KCyO.$$

Erhitzt man eine Probe der Verbindung vor dem Löthrohr auf der Kohle, so wird dieselbe ebenfalls zu Arsen reducirt, welches den Geruch nach Knoblauch verbreitet.

Mengt man arsenige Säure mit entwässertem *Natriumacetat* und erhitzt das Gemisch im Glasröhrchen, so entsteht Kakodyloxyd, welches sich durch seinen widrigen Geruch charakterisirt.

$$4C_2H_3NaO_2 + As_2O_3 = (CH_3)_4As_2O + 2Na_2CO_3 + 2CO_2.$$

In Wasser ist arsenige Säure wenig löslich, leichter löst sie sich in Alkalien (Natronlauge, Ammoniak etc.) und in Säuren.

Aus der wässerigen Auflösung fällt:

Kupfersulfat ($CuSO_4$), nach Hinzufügen von einigen Tropfen Ammoniak: grünes Kupferarsenit; durch überschüssiges Ammoniak wird der Niederschlag gelöst, und man erhält eine blaue Flüssigkeit. (Siehe Kupfer S. 30.)

$$3CuSO_4 + 2H_3AsO_3 = Cu_3(AsO_3)_2 + 3H_2SO_4.$$

Silbernitrat (AgNO₃), nach Neutralisation der freien Säure mit **wenig** Ammoniak: hellgelbes Silberarsenit (Ag₃AsO₃), in Ammoniak, Salpetersäure, sowie in Ammoniumnitrat, löslich.

$$3AgNO_3 + H_3AsO_3 = Ag_3AsO_3 + 3HNO_3.$$

Schwefelwasserstoff (H₂S), eine gelbe Färbung, nach dem Ansäuern mit Chlorwasserstoffsäure: gelber Niederschlag von Schwefelarsen, unlöslich in verdünnten Säuren.

$$As_2O_3 + 3H_2S = As_2S_3 + 3H_2O.$$

Der Niederschlag löst sich leicht in Ammoniak, Natronlauge, Schwefelammonium und Schwefelkalium.

$$As_2S_3 + 5NaHO = Na_2HAsO_3 + Na_3AsS_3 + 2H_2O.$$
$$As_2S_3 + 3(NH_4)_2S = 2[(NH_4)_3AsS_3].$$
$$As_2S_3 + 3K_2S = 2K_3AsS_3.$$
$$As_2S_3 + 3K_2S + S_2 = 2K_3AsS_4.$$

Aus diesen Lösungen wird das Schwefelarsen auf Zusatz einer verdünnten Säure wieder gefällt.

$$Na_2HAsO_3 + Na_3AsS_3 + 5HCl = As_2S_3 + 5NaCl + 3H_2O.$$
$$2[(NH_4)_3AsS_3] + 6HCl = As_2S_3 + 6NH_4Cl + 3H_2S.$$
$$2K_3AsS_3 + 6HCl = As_2S_3 + 6KCl + 3H_2S.$$
$$2K_3AsS_4 + 6HCl = As_2S_5 + 6KCl + 3H_2S.$$

Die arsenige Säure besitzt stark reducirende Eigenschaften; dieselbe scheidet z. B. aus einer Goldchloridlösung (AuCl₃) metallisches Gold ab, entfärbt Chamäleonlösung (KMnO₄), reducirt Chromsäure (CrO₃) zu Chromoxyd (Cr₂O₃) etc. In allen diesen Fällen geht die arsenige Säure in Arsensäure (H₃AsO₄) über.

$$4AuCl_3 + 3As_2O_3 + 15H_2O = 4Au + 6H_3AsO_4 + 12HCl.$$
$$4KMnO_4 + 5As_2O_3 + 12HCl + 9H_2O = 4MnCl_2$$
$$+ 10H_3AsO_4 + 4KCl.$$
$$4CrO_3 + 3As_2O_3 + 12HCl + 3H_2O = 2Cr_2Cl_6 + 6H_3AsO_4.$$

Die arsenige Säure lässt sich auch durch *Salpetersäure* (HNO₃) leicht zu Arsensäure oxydiren. Zur Ueberführung wird gepulverte arsenige Säure bis zur vollständigen Lösung mit Salpetersäure erwärmt und alsdann die überschüssige Säure durch vollständiges Eindampfen der Lösung entfernt.

Die wässerige Lösung der

Arsensäure H_3AsO_4

wird gefällt durch:

Silbernitrat ($AgNO_3$), nach Neutralisation mit wenig Ammoniak, als braunes Silberarsenat (Ag_3AsO_4), löslich in Ammoniak und Salpetersäure.

$$(NH_4)_3AsO_4 + 3AgNO_3 = Ag_3AsO_4 + 3NH_4NO_3.$$

Magnesiumsulfat ($MgSO_4$), nach vorherigem Zusatz von Salmiak und Ammoniak, als weisses, krystallinisches Ammonium-Magnesiumarsenat ($MgNH_4AsO_4$; siehe Natriumphosphat S. 12).

Ammoniummolybdat ($(NH_4)_2MoO_4$): nach vorherigem Erhitzen der Flüssigkeit, gelber Niederschlag, welcher Arsensäure, Molybdänsäure und Ammoniak enthält, unlöslich in verdünnten Säuren, löslich in Ammoniak.

Versetzt man eine mit Chlorwasserstoffsäure angesäuerte Lösung von Arsensäure mit *Schwefelwasserstoff* so entsteht anfänglich keine Fällung, indem letzterer zuerst reducirend auf die Arsensäure einwirkt:

$$H_3AsO_4 + H_2S = H_3AsO_3 + S + H_2O$$

In dem Maasse, als die Reduction der Arsensäure zu arseniger Säure stattfindet, fällt alsdann ein Gemenge von Schwefelarsen und Schwefel. Erwärmen der Flüssigkeit beschleunigt die Reduction resp. Bildung des Niederschlages.

Die Arsensäure wird demnach durch Schwefelwasserstoff nicht direct in Schwefelarsen übergeführt. Reducirt man die Arsensäure vor dem Versetzen mit Schwefelwasserstoff mit einem Reductionsmittel, so z. B. mit schwefeliger Säure ($2H_3AsO_4 + 2SO_2 = As_2O_3 + 2H_2SO_4 + H_2O$), so entsteht auf nachherigen Zusatz von Schwefelwasserstoff sofort gelbes Schwefelarsen.

Filtrirt man das Schwefelarsen ab, mengt dasselbe nach dem Trocknen mit etwa dem sechsfachen Gewichte eines trockenen Gemisches von Natriumcarbonat und Cyankalium und erhitzt das Gemenge in einem Glasröhrchen, an welchem eine kleine Kugel angeblasen und das nach Einfüllen des Gemisches oberhalb der Kugel verengt worden ist, so erhält man einen schwarzen Anflug (Spiegel) von metallischem Arsen.

$$As_2S_3 + 3KCy = KCyS + 2As.$$

Wird die Lösung von arseniger Säure oder Arsensäure, bei Gegenwart einer freien Säure, z. B. verdünnter Schwefelsäure, mit Zink in Berührung gebracht, so bildet sich *Arsenwasserstoffgas* (H_3As), während ein Theil als metallisches Arsen auf das Zink niedergeschlagen wird.

$$Zn + H_2SO_4 = ZnSO_4 + 2H.$$
$$H_3AsO_3 + 6H = H_3As + 3H_2O.$$

Dieses Verhalten lässt sich zur Nachweisung von minimalen Mengen von arseniger Säure oder Arsensäure benutzen, wenn man, wie folgt, verfährt. Man entwickelt in einem Kölbchen von ungefähr 200 Cubikcentimeter Inhalt, welches mit Trichterröhre und rechtwinkelig gebogener Ableitungsröhre versehen ist, aus Zink und verdünnter Schwefelsäure Wasserstoffgas, leitet dieses durch eine mit Chlorcalcium gefüllte Röhre (zum Trocknen des Gases) und befestigt an letztere eine Glasröhre von schwer schmelzbarem Glase, die in der Mitte verengt und am äusseren Ende zu einer feinen Spitze ausgezogen ist. Ist alle Luft aus dem Apparate verdrängt, so erhitzt man die Röhre, dicht vor der Verengung, mit der Bunsen'schen Gaslampe bis zur Rothgluth, zündet das aus der Spitze der Röhre entweichende Wasserstoffgas an und gibt nun durch die Trichterröhre einige Tropfen der Arsenlösung. Es entwickelt sich jetzt ein Gemenge von Wasserstoff- mit Arsenwasserstoffgas; letzteres wird beim Passiren der glühenden Glasröhre in metallisches Arsen und Wasserstoffgas zersetzt. Das Arsen bildet in dem verengten Theile der Röhre einen schwarzen metallartigen glänzenden Anflug (Arsenspiegel), welcher um so dichter und dunkler erscheint, je mehr Arsenwasserstoff zersetzt wird. Die beim Passiren des erhitzten Rohres nicht zersetzte Menge von Arsenwasserstoff verbrennt an der Spitze der Glasröhre (gemengt mit Wasserstoff) zu arseniger Säure und Wasser.

$$2AsH_3 + 6O = As_2O_3 + 3H_2O.$$

Hält man ein kaltes Porzellanschälchen mitten in die Flamme, so scheidet sich, da nicht genügend Luft hinzutritt, metallisches Arsen als schwarzer spiegelnder Fleck ab. Dass dieser Fleck und der in der Röhre erhaltene Spiegel aus Arsen bestehen, lässt sich noch durch folgende Reactionen darthun.

Löst man einen Arsenfleck in einem Tropfen rauchender Salpetersäure, fügt einen Tropfen Silbernitrat hinzu und neutralisirt die überschüssige Säure, indem man vorsichtig verdünntes Ammoniak mit einem Glasstabe zugibt, ohne dass sich die Flüssigkeiten mischen, so entsteht an der Berührungsstelle der Flüssigkeitsschichten ein gelber Ring von S i l b e r - a r s e n i t.

Betupft man das Arsen mit *Schwefelammonium* und trocknet im Wasserbade ein, so erhält man einen g e l b e n Rückstand von Schwefelarsen.

Concentrirte alkalische *Natriumhypochloritlösung* löst die Arsenflecken leicht und vollständig auf.

$$2As + 5NaOCl + 6NaHO = 2Na_3AsO_4 + 5NaCl + 3H_2O.$$

Antimon.

Erhitzt man metallisches Antimon auf Kohle vor dem Löthrohr, so verflüchtigt es sich und bildet einen weissen Rauch und Beschlag von A n t i m o n o x y d (Sb_2O_3).

In Chlorwasserstoffsäure ist das Antimon nicht löslich. Salpetersäure führt es in unlösliche a n t i m o n i g e S ä u r e ($HSbO_2$) über. Königswasser (ein Gemisch von 1 Volumen Salpetersäure mit 2—3 Volumen Chlorwasserstoffsäure) löst es zu Antimonchlorid ($SbCl_3$).

In dieser Lösung entsteht auf Zusatz von:

Wasser: ein weisser Niederschlag von Antimonoxychlorid (Algarothpulver, SbOCl), in Weinsäure löslich.

Zink: Ausscheidung von metallischem Antimon.

Kali- oder *Natronlauge:* weisses Antimonoxydhydrat (SbH_3O_3), im Ueberschuss von Natronlauge löslich.

Ammoniak (NH_3): dieselbe Fällung, im Ueberschusse unlöslich.

Schwefelwasserstoff (H_2S): orangerothes Schwefelantimon (Sb_2S_3), löslich in Schwefelammonium und Schwefelkalium, aus welchen Lösungen es auf Zusatz einer Säure wieder gefällt wird.

$$Sb_2S_3 + 6KHS = 2K_3SbS_3 + 3H_2S.$$
$$2K_3SbS_3 + 6HCl = Sb_2S_3 + 6KCl + 3H_2S.$$

Die Lösung eines Antimonsalzes bildet in Berührung mit Zink und bei Gegenwart von verdünnter Schwefelsäure Antimonwasserstoffgas (H_3Sb), und es schlägt sich metallisches Antimon auf das Zink nieder. Verfährt man, wie bei arseniger Säure angegeben, so bildet sich in der Röhre ein dunkler sammtartiger Anflug von Antimon (Antimonspiegel); zündet man das Gasgemisch an, so erhält man durch Hineinhalten einer kleinen Porzellanschale in die Flamme schwarze Flecken von Antimon. Diese unterscheiden sich von den Arsenflecken schon äusserlich durch die dunkle sammtartige Farbe. Betupft man einen dieser Flecken mit Natriumhypochloritlösung, so bleibt derselbe unverändert. (Unterschied von Arsen.)

Löst man das Antimon in etwas Schwefelammonium und dampft zur Trockne ab, so erhält man einen orangefarbenen Rückstand von Schwefelantimon. (Unterschied von Arsen.)

Löst man den Antimonflecken in rauchender Salpetersäure und verfährt, wie S. 35 angegeben, so entsteht kein gefärbter Niederschlag, sondern je nach der Menge des Antimons und angewandter Salpetersäure eine geringe weisse Trübung von Antimonoxyd. (Unterschied von Arsen.)

Zinn.

Auf Kohle vor dem Löthrohr erhitzt, schmilzt es und beschlägt die Kohle mit weissem Zinnoxyd (SnO_2).

Wird metallisches Zinn zu einer grünen Kupferperle (Phosphorsalzperle, welche etwas Kupferoxyd gelöst enthält; siehe Kupfer) gesetzt und erhitzt, so wird dieselbe undurchsichtig braunroth, indem das Kupferoxyd (CuO) zu Kupferoxydul (Cu_2O) reducirt wird.

Durch Erwärmen mit Salpetersäure geht das Zinn in Zinnoxyd über, welches sich als weisses Pulver ausscheidet und in überschüssiger Salpetersäure unlöslich ist; durch Erwärmen von Zinn mit concentrirter Chlorwasserstoffsäure bildet sich lösliches

Zinnchlorür $SnCl_2$.

Aus dieser Lösung fällt:

Zink: metallisches Zinn.

Kali- oder *Natronlauge:* weisses Zinnoxydulhydrat (SnH_2O_2), löslich im Ueberschuss.

Ammoniak (NH_3): denselben Niederschlag, im Ueberschuss des Fällungsmittels unlöslich.

Quecksilberchlorid ($HgCl_2$): tropfenweise hinzugefügt, metallisches Quecksilber (siehe Quecksilberoxydnitrat).

Eisenchlorid (Fe_2Cl_6), besonders auf vorherigen Zusatz von Chlorwasserstoffsäure und Erwärmen der Lösung, wird durch Zinnchlorür zu Eisenchlorür ($FeCl_2$) reducirt. Die ursprünglich gelbe oder gelbrothe Lösung wird farblos.

$$Fe_2Cl_6 + SnCl_2 = 2FeCl_2 + SnCl_4.$$

In ähnlicher Weise wirkt das Zinnchlorür auf Kupferchlorid und Chromsäurelösung ein.

Schwefelwasserstoff (H_2S): dunkelbraunes Zinnsulfür (SnS), löslich in Schwefelammonium (wenn dasselbe freien Schwefel gelöst enthält) und Schwefelkalium (K_2S_5). Wird eine solche Lösung mit verdünnter Schwefel- oder Chlorwasserstoffsäure versetzt, so fällt gelbes Zinnsulfid (SnS_2).

$$SnS + (NH_4)_2S_2 = SnS_3(NH_4)_2.$$
$$SnS_3(NH_4)_2 + 2HCl = SnS_2 + 2NH_4Cl + H_2O.$$

Erwärmt man metallisches Zinn mit Königswasser bis zur vollständigen Lösung, dampft die überschüssige Säure ab und löst den Rückstand in Chlorwasserstoffsäure, so erhält man eine Lösung von

Zinnchlorid $SnCl_4$.

Aus dieser fällt:

Zink, ebenfalls metallisches Zinn.

Kali- oder *Natronlauge*: weisses Z i n n o x y d h y d r a t (SnH₂O₃), im Ueberschuss löslich.

Ammoniak (NH₃): denselben Niederschlag, im Ueberschuss unlöslich.

Quecksilberchlorid (HgCl₂): keinen Niederschlag.

Schwefelwasserstoff (H₂S): blassgelbes Z i n n s u l f i d (SnS₂), unlöslich in verdünnten Säuren, in Schwefelammonium und Schwefelkalium löslich und aus dieser Lösung auf Zusatz einer verdünnten Säure wieder fällbar.

Ammoniummolybdat (NH₄)₂MoO₄.

(Molybdänsaures Ammoniak.)

Verliert beim Erhitzen im Glasröhrchen Wasser und Ammoniak, welches an seinem Geruche erkennbar ist; die Molybdänsäure wird hierbei theilweise reducirt. Nach dem Erkalten ist der Rückstand grünlich gefärbt. Erhitzt man das Salz vor dem Löthrohr auf der Kohle, so wird es unter Entweichen von Ammoniakgas zuerst ebenfalls reducirt; beim weiteren Erhitzen in der Oxydationsflamme wird indess die Molybdänsäure als weisser Rauch verflüchtigt. Ein Theil der Säure beschlägt die Kohle mit gelblichen, demantglänzenden Nadeln. Bringt man eine kleine Menge Molybdänsäure in eine Porzellanschale, erhitzt mit einigen Tropfen concentrirter Schwefelsäure und fügt einige Tropfen Alkohol hinzu, so färbt sich die Flüssigkeit nach dem Erkalten lasurblau.

Die wässerige Lösung von Ammoniummolybdat wird gefällt durch:

Verdünnte Chlorwasserstoff-, Schwefel- oder *Salpetersäure* unter Abscheidung von M o l y b d ä n s ä u r e (MoO₃), im Ueberschuss der Säure leicht auflöslich. (Unterschied von der Wolframsäure.)

Chlorbaryum (BaCl₂): als weisses B a r y u m m o l y b d a t (BaMoO₄), in Säuren löslich.

Silbernitrat (AgNO₃): als gelblichweisses S i l b e r m o l y b d a t (Ag₂MoO₄), in verdünnter Salpetersäure löslich.

Natriumphosphat, in geringer Menge hinzugefügt, gelbes

Ammoniummolybdatphosphat ((NH_4)$_3PO_410MoO_3$; siehe Natriumphosphat) in Säuren unlöslich, in Alkalien löslich. Diese Reaction kann zur Nachweisung von geringen Mengen Molybdänsäure nicht dienen, da zur Hervorbringung des Niederschlages das Ammoniummolybdat überschüssig vorhanden sein muss. (Siehe Natriumphosphat S. 12.)

Schwefelwasserstoff, in geringer Menge zugesetzt, reducirt die Molybdänsäure zu Molybdänoxyd (MoO_2). Fügt man einen Ueberschuss des Fällungsmittels hinzu, so entsteht braunschwarzes Schwefelmolybdän (MoS_3), löslich in Schwefelammonium und Schwefelkalium.

Versetzt man die wässerige Lösung des Salzes mit verdünnter Chlorwasserstoff- oder Schwefelsäure bis zur Lösung der ausgeschiedenen Molybdänsäure und fügt dann *Eisenoxydulsulfat* hinzu, so wird die Flüssigkeit blau durch Reduction der Molybdänsäure zu Molybdänoxyd (MoO_2).

Zink, Zinn oder sonstige Reductionsmittel verhalten sich ähnlich.

Fügt man etwas Molybdänsäure (welche man durch Erhitzen von Ammoniummolybdat auf Platinblech erhält) zu der Phosphorsalzperle, so erhält man in der Oxydationsflamme ein in der Wärme grünliches, nach dem Erkalten farbloses Glas.

Ammoniumwolframiat (NH_4)$_2W_4O_{13}$ + $8H_2O$.

(Wolframsaures Ammoniak.)

Verhält sich beim Erhitzen im Glasröhrchen ähnlich wie das entsprechende Molybdänsalz. Die Probe wird zuerst grün und allmählich schwarz gefärbt. Nach dem Erkalten erscheint der Rückstand grünlichgelb.

Verdünnte Chlorwasserstoff-, Schwefel- oder *Salpetersäure* als Wolframsäure (WO_3), im Ueberschuss unlöslich. (Unterschied von Molybdänsäure.) Enthält die Flüssigkeit Phosphorsäure, so entsteht kein Niederschlag, da die Wolframsäure in ersterer Säure löslich ist.

Silbernitrat ($AgNO_3$): als weisses Silberwolframiat, in Ammoniak auflöslich.

Eisenoxydulsulfat (FeSO₄) erzeugt einen braunen Niederschlag von Wolframoxyd (WO₂). Die Flüssigkeit wird auf
Zusatz einer Säure nicht blau gefärbt. (Unterschied von Molybdänsäure.)

Schwefelwasserstoff (H₂S), welcher eine geringe Menge
von Schwefelwolfram (WS₃) ausscheidet.

Schwefelammonium ((NH₄)₂S), nach vorherigem Zusatz
einer Säure, braunes Schwefelwolfram, im Ueberschuss
auflöslich.

Gegen Zink, Zinn, schwefelige Säure etc. verhält
sich das Ammoniumwolframiat wie das Ammoniummolybdat.
Die Phosphorsalzperle gibt auf Zusatz von Wolframsäure
(welche wie die Molybdänsäure erhalten wird) in der Oxydationsflamme ein klares, in der Reductionsflamme ein blaues
Glas. (Unterschied von Molybdänsäure.)

Zink.

Vor dem Löthrohr auf der Kohle in der Oxydationsflamme
erhitzt, verbrennt es mit blauweisser Flamme zu Zinkoxyd
(ZnO), welches die Kohle beschlägt. Dieser Beschlag sieht
warm gelb aus und wird beim Erkalten weiss.

In verdünnter Schwefelsäure löst sich das Zink unter
Wasserstoffentwickelung zu Zinksulfat (ZnSO₄), in Chlorwasserstoffsäure zu Chlorzink (ZnCl₂). Die chlorwasserstoffsaure Lösung wird eingedampft und der Rückstand in Wasser
gelöst.

Diese Lösung wird gefällt durch:

Kali- oder *Natronlauge:* als weisses Zinkoxydhydrat
(ZnH₂O₂), im Ueberschuss löslich.

$$ZnH_2O_2 + 2NaHO = ZnNa_2O_2 + 2H_2O.$$

Ammoniak (NH₃): als ebensolches, löslich im Ueberschuss.

Ammoniumcarbonat ((NH₄)₄C₃O₆): derselben Niederschlag,
im Ueberschusse löslich.

Natriumcarbonat (Na₂CO₃): als weisses Zinkcarbonat
(ZnCO₃), im Ueberschuss unlöslich.

Kaliumoxalat (K₂C₂O₄) bildet, im Ueberschusse hinzugefügt, ein lösliches Doppelsalz von Kalium-Zinkoxalat, welches auf Zusatz von concentrirter Essigsäure, unter Abscheidung von weissem Zinkoxalat zersetzt wird. Beim Erwärmen der Flüssigkeit scheidet sich der Niederschlag als schweres krystallinisches Pulver ab. In concentrirten Zinklösungen wird, bei ungenügendem Zusatz von Kaliumoxalat, ein Theil des Zinkoxalats, auch ohne Zusatz von Essigsäure ausgeschieden.

Schwefelammonium (NH_4)$_2$S, in der vorher durch Ammoniak alkalisch gemachten Lösung: weisses Schwefelzink (ZnS), in Chlorwasserstoff-, Schwefel- und Salpetersäure löslich, unlöslich in Essigsäure.

Schwefelwasserstoff (H_2S), nach vorherigem Ansäuern mit Chlorwasserstoffsäure: keine Fällung. Stellt man eine essigsaure Lösung her, indem man die schwefelsaure oder chlorwasserstoffsaure Lösung des Zinks mit Ammoniak versetzt, bis der entstandene Niederschlag wieder gelöst wird, und dann mit Essigsäure ansäuert, so wird das Zink durch Schwefelwasserstoff vollständig als weisses *Schwefelzink* (ZnS) abgeschieden.

Eisen.

Vor dem Löthrohr auf der Kohle erhitzt, geht es in Eisenoxyduloxyd (Fe_3O_4) über.

Verdünnte Schwefelsäure löst es unter Wasserstoffgasentwickelung zu Eisenoxydulsulfat ($FeSO_4$), Chlorwasserstoffsäure zu Eisenchlorür ($FeCl_2$). Da das Roheisen stets Kohlenstoff, sowohl chemisch gebunden, wie als Graphit enthält, so riecht das Wasserstoffgas nach Kohlenwasserstoff; der nicht gebundene Kohlenstoff (Graphit) bleibt beim Lösen zurück. Dieser ist durch Filtration zu trennen.

Das Filtrat wird gefällt durch:

Kali-, Natronlauge oder *Ammoniak* (NH_3) als weisslichgrünes Eisenoxydulhydrat (FeH_2O_2). Bei Zutritt der Luft wird der Niederschlag zuerst grün und schliesslich rothbraun, indem derselbe in Eisenoxydhydrat ($Fe_2H_6O_6$) übergeht.

Natriumcarbonat (Na_2CO_3): weisses Eisenoxydulcarbonat ($FeCO_3$), ebenfalls allmälich in Eisenoxydhydrat übergehend.

Kaliumferricyanid ($K_6Fe_2Cy_{12}$): blaues **Ferro-Ferri-cyanid** (Turnbullblau).

$$K_6Fe_2Cy_{12} + 3FeCl_2 = Fe_5Cy_{12} + 6KCl.$$

Schwefelammonium (($NH_4)_2S$): als schwarzes 'Schwefeleisen' (FeS), in verdünnten Säuren (unter Schwefelwasserstoffentwicklung) leicht löslich.

$$FeCl_2 + (NH_4)_2S = FeS + 2NH_4Cl.$$
$$FeS + H_2SO_4 = FeSO_4 + H_2S.$$

Schwefelwasserstoff (H_2S) erzeugt keine Fällung.

Versetzt man die mit Schwefelsäure angesäuerte Lösung eines Eisenoxydulsalzes mit einer Auflösung von *Kaliumpermanganat* ($KMnO_4$), so verschwindet die Farbe des letzteren, indem sich das Eisenoxydulsalz auf Kosten des Sauerstoffs der Uebermangansäure zu **Eisenoxydsalz** oxydirt. Erst nach vollständiger Oxydation des ersteren Salzes bleibt die Färbung der Kaliumpermanganatlösung bestehen.

$$2FeSO_4 + 2KMnO_4 + 4H_2SO_4 = 3K_2SO_4 + Fe_2(SO_4)_3 +$$
$$MnSO_4 + 4H_2O.$$

Versetzt man die Auflösung des Eisens in Chlorwasserstoffsäure oder Schwefelsäure mit etwas Salpetersäure und erwärmt, so bildet sich **Eisenchlorid** (Fe_2Cl_6) resp. **Eisenoxydsulfat** ($Fe_2(SO_4)_3$), während Stickstoffoxydgas entweicht.

$$6FeCl_2 + 6HCl + 2HNO_3 = 3Fe_2Cl_6 + 4H_2O + 2NO.$$

In dieser Lösung erzeugt:

Kali-, *Natronlauge* oder *Ammoniak* (NH_3) einen rothbraunen Niederschlag von **Eisenoxydhydrat** ($Fe_2H_6O_6$). Der Niederschlag wird abfiltrirt, ausgewaschen und eine geringe Menge zu einer Boraxperle gefügt. In der Oxydationsflamme wird die Perle, so lange sie warm ist, gelb gefärbt. Kalt ist dieselbe farblos. Hat man viel Eisenoxyd hinzugesetzt, so erscheint sie warm roth und nach dem Erkalten gelb.

Ferrocyankalium (K_4FeCy_6): blaues **Ferri-Ferrocyanid** (Berlinerblau Fe_7Cy_{18}).

$$3K_4FeCy_6 + 2Fe_2Cl_6 = Fe_7Cy_{18} + 12KCl.$$

Rhodankalium (Sulfocyankalium $KSCN$): eine blutrothe Färbung von **Sulfocyaneisen** ($Fe_2(CNS)_6$).

$$Fe_2Cl_6 + 6KSCN = Fe_2(SCN)_6 + 6KCl.$$

Schwefelammonium ((NH_4)$_2$S): schwarzes Schwefeleisen (FeS).

$$Fe_2Cl_6 + 3(NH_4)_2S = 2FeS + 6NH_4Cl + S.$$

Schwefelwasserstoff reducirt die Eisenoxydsalze zu Eisenoxydulsalzen, unter Abscheidung von Schwefel.

$$Fe_2Cl_6 + H_2S = 2FeCl_2 + S + 2HCl.$$

$$Fe_2(SO_4)_3 + H_2S = 2FeSO_4 + S + H_2SO_4.$$

Schwefelige Säure verhält sich wie Schwefelwasserstoff, nur erfolgt die Reduction ohne Schwefelabscheidung.

$$Fe_2(SO_4)_3 + SO_2 + 2H_2O = 2FeSO_4 + H_2SO_4.$$

Mangansuperoxyd MnO_2.

(Braunstein.)

Zerfällt beim Erhitzen vor dem Löthrohr auf der Kohle in Manganoxyduloxyd und Sauerstoff.

$$3MnO_2 = Mn_3O_4 + 2O.$$

Durch concentrirte Schwefelsäure wird es in lösliches Manganoxydulsulfat und Sauerstoff zerlegt.

$$MnO_2 + H_2SO_4 = MnSO_4 + H_2O + O.$$

Concentrirte Chlorwasserstoffsäure bildet, besonders beim Erwärmen, lösliches Manganchlorür und Chlorgas.

$$MnO_2 + 4HCl = MnCl_2 + 2Cl + 2H_2O.$$

Um in einem eisenhaltigen Braunstein das Mangan mit den unten angeführten Reagentien nachweisen zu können, muss vorerst das Eisen abgeschieden, d. h. eine Trennung des Eisens von Mangan bewirkt werden. Zu diesem Zwecke löst man den Braunstein in concentrirter Chlorwasserstoffsäure, entfernt den grössten Theil der Säure durch Eindampfen, verdünnt stark mit Wasser und fügt nun zu der kalten Flüssigkeit Natriumcarbonat hinzu, bis eben eine bleibende Trübung entsteht. Man säuert dann mit einigen Tropfen Essigsäure an, setzt unter Umrühren festes Natriumacetat (etwa eine gleiche Menge als angewandter Braunstein) hinzu **und erhitzt zum**

Kochen. Der entstandene Niederschlag ist basisches Eisen-oxydacetat; man filtrirt denselben ab und stellt mit dem farblosen Filtrate, welches alles Mangan als Acetat enthält, folgende Reactionen an:

Kali- oder *Natronlauge:* fällt weisses $Manganoxydul-hydrat$ (MnH_2O_2), welches bei Zutritt der Luft allmälich in braunes $Manganoxydhydrat$ ($Mn_2H_2O_4$) übergeht.

Ammoniak (NH_3) verhält sich wie Kali- und Natronlauge. Dieser Niederschlag oxydirt sich ebenfalls und geht in $Mn_2H_2O_4$ über. Chlorammonium oder andere Ammoniumsalze verhindern die Fällung durch Ammoniak. Eine mit Chlorammonium und Ammoniak versetzte Manganoxydullösung scheidet indess beim Stehen unter Luftzutritt allmälich alles Mangan als Oxydhydrat aus.

Kaliumoxalat ($K_2C_2O_4$): bildet, im Ueberschusse hinzugefügt, mit den Manganoxydulsalzen lösliche Doppelverbindungen, welche durch concentrirte Essigsäure unter Abscheidung von weissem krystallinischem *Manganoxalat* (MnC_2O_4) zersetzt werden. Im Uebrigen verhält sich das Manganoxalat wie das Zinkoxalat. (Siehe Zink S. 40.)

Natriumcarbonat (Na_2CO_3): weisses $Manganoxydulcar-bonat$ ($MnCO_3$). Versetzt man die Flüssigkeit mit *Bromwasser* im Ueberschuss und erwärmt, so oxydirt sich der Niederschlag unter Abscheidung von braunem $Oxydhydrat$. Die über dem Niederschlage stehende Flüssigkeit ist zuweilen roth gefärbt, wenn ein Theil des Mangans durch Brom in $Uebermangansäure$ (Mn_2O_7) übergeführt wurde. Entfernt man aus einer solchen Lösung den Ueberschuss an Brom durch Kochen und setzt das Erwärmen unter Hinzufügen von wenig Alkohol fort, so wird die Uebermangansäure wieder reducirt.

Schwefelwasserstoff (H_2S): keine Fällung.

Schwefelammonium (($NH_4)_2S$), nach vorheriger Neutralisation mit Ammoniak: fleischfarbiges $Schwefelmangan$ (MnS), in verdünnten Säuren, auch in Essigsäure leicht löslich. Enthält die Flüssigkeit wenig Ammoniaksalze und einen Ueberschuss von Ammoniak, so entsteht zuweilen grünes (wasserfreies) Schwefelmangan. Man erhält stets grünes Sulfür, wenn man das Mangan vor der Fällung mit Schwefelammonium durch Kochen mit Kaliumoxalat in Manganoxalat überführt [1]).

Mengt man eine geringe Menge Mangansuperoxyd mit Natriumcarbonat und Kaliumnitrat und schmilzt auf dem Platinblech, so wird die Schmelze durch Bildung von Kaliummanganat (K_2MnO_4) grün gefärbt.

Uebergiesst man Bleisuperoxyd mit Salpetersäure, fügt einige Tropfen Manganoxydulsulfatlösung hinzu und erwärmt, so bildet sich Uebermangansäure ($HMnO_4$), welche die Flüssigkeit, nach dem Absetzen des Bleioxyds, schön violettroth färbt.

Die Phosphorsalzperle wird durch eine Spur von Mangansuperoxyd beim Erhitzen in der Oxydationsflamme amethystroth gefärbt. Durch Erhitzen in der Reductionsflamme wird dieselbe wieder farblos.

Kobaltnitrat $Co(NO_3)_2 + 6H_2O$.

(Salpetersaures Kobaltoxydul.)

Verliert durch Erhitzen vor dem Löthrohr auf der Kohle sein Krystallwasser und einen Theil der Salpetersäure. Wird der erhaltene Rückstand mit Soda gemengt und auf der Kohle geschmolzen, so erhält man, nach Abschlämmung der Kohle im Achatmörser, graues metallisches Kobalt (magnetisch).

Die wässerige (roth gefärbte) Lösung des Salzes wird gefällt durch:

Kali- oder *Natronlauge*: als blaues basisches Salz, welches beim raschen Erhitzen bei Luftabschluss in rosenrothes Kobaltoxydulhydrat (CoH_2O_2) und beim Erhitzen bei Luftzutritt in olivengrünes Kobaltoxyduloxyd übergeht.

Ammoniak (NH_3): als ebensolches, im Ueberschuss mit rother Farbe löslich.

Cyankalium (KCN): als rothbraunes Kobaltcyanür ($CoCy_2$), im Ueberschuss löslich.

Kaliumnitrit (KNO_2): nach vorherigem Ansäuern mit Essig-

---

[1]) Classen. Zeitschrift für analyt. Chemie **16.** 819.

säure, als gelbes Kalium-Kobaltnitrit $(Co_2(NO_2)_6 +$ $6KNO_2)$.

$2Co(NO_2)_2 + 12KNO_2 = [Co_2(NO_2)_6 + 6KNO_2] + 6KNO_2$.

In verdünnten Lösungen entsteht der Niederschlag erst nach längerem Stehen. Zur Nachweisung von geringen Mengen von Kobalt als Kalium-Kobaltnitrit verdampft man die Auflösung fast zur Trockne, versetzt mit Kali- oder Natronlauge bis zur alkalischen Reaction, fügt tropfenweise Essigsäure hinzu, bis der entstandene Niederschlag wieder gelöst wird und übersättigt dann mit einer concentrirten Lösung von Kaliumnitrit. Zur vollständigen Abscheidung geringer Mengen Kalium-Kobaltnitrit muss die Flüssigkeit 12 Stunden stehen bleiben.

Kaliumoxalat $(K_2C_2O_4)$ färbt selbst verdünnte, schwach gefärbte Kobaltlösungen intensiv roth, indem sich ein lösliches Doppelsalz von Kalium-Kobaltoxalat bildet. Uebersättigt man eine solche Flüssigkeit mit concentrirter Essigsäure und erhitzt zum Kochen, so scheidet sich das Kobalt als rothes krystallinisches *Kobaltoxalat* (CoC_2O_4) aus. In concentrirten Kobaltlösungen wird bei ungenügendem Zusatz von Kaliumoxalat ein Theil des Kobaltoxalats auch ohne Essigsäure abgeschieden. (Siehe auch Zink S. 40 und Braunstein S. 44.)

Schwefelwasserstoff (H_2S): keine Fällung.

Schwefelammonium $((NH_4)_2S)$: schwarzer Niederschlag von Schwefelkobalt (CoS), in verdünnter Salzsäure unlöslich.

Die Phosphorsalzperle wird durch Kobaltverbindungen sowohl in der Oxydations- als in der Reductionsflamme intensiv blau gefärbt. (Unterschied von Wolframsäure.)

Nickelsulfat $NiSO_4 + 7H_2O$.

(Schwefelsaures Nickeloxydul.)

Verhält sich beim Erhitzen vor dem Löthrohr ähnlich wie das Kobaltnitrat. Der Rückstand wird auf Zusatz von Natriumcarbonat und Schmelzen vor dem Löthrohr auf Kohle zu Nickel reducirt, welches, nach Abschlämmen der Kohle im Achatmörser, als graues, magnetisches Pulver zurückbleibt.

Die grüne, wässerige Lösung wird gefällt durch:

Kali- oder *Natronlauge:* als grünes Nickeloxydulhydrat (NiH_2O_2).

Ammoniak (NH_3): als ebensolches, im Ueberschuss mit blauer Farbe löslich.

Cyankalium (KCN): als grünlichweisses Nickelcyanür ($NiCy_2$), im Ueberschuss löslich.. Versetzt man diese Auflösung mit frisch bereitetem Natriumhypochlorit (NaClO) oder Bromwasser und kocht, so wird das Nickel als wasserhaltiges Nickeloxyd ($Ni_2H_2O_4$) gefällt. (Unterschied von Kobalt.)

Kaliumnitrit (KNO_2) erzeugt keine Fällung. (Unterschied von Kobalt.)

Kaliumoxalat ($K_2C_2O_4$) verhält sich gegen Nickelsalze ähnlich wie gegen Kobalt. Auf Zusatz dieses Reagens entsteht eine intensiv grüne Flüssigkeit, aus welcher concentrirte Essigsäure blaugrünes Nickeloxalat (NiC_2O_4) abscheidet.

Schwefelwasserstoff (H_2S)': keine Fällung.

Schwefelammonium (($NH_4)_2S$): schwarzes Schwefelnickel (NiS), in überschüssigem Schwefelammonium etwas löslich, weshalb die filtrirte Flüssigkeit dunkel gefärbt ist. Auf Zusatz von Essigsäure bis zur sauren Reaction wird dieses gelöste Schwefelnickel wieder gefällt.

Die Nickeloxydulverbindungen färben die heisse Borax- oder Phosphorsalzperle violettroth. Die Boraxperle wird in der Reductionsflamme grau gefärbt (durch Reduction des Nickeloxyduls zu Nickel).

Uranoxydnitrat $H_4U_2N_2O_{10} + 4H_2O$.

(Salpetersaures Uranoxyd.)

Durch Erhitzen vor dem Löthrohr auf der Kohle verliert das Salz vorerst das Krystallwasser und die Salpetersäure und geht alsdann in schwarzes Uranoxydoxydul (U_3O_4) über.

Die gelbe, wässerige Lösung des Salzes wird gefällt durch:

Kali- oder *Natronlauge:* als gelbes Uranoxydhydrat ($U_2H_4O_5$), löslich in Natrium- und Ammoniumcarbonat.

$$H_4U_2N_2O_{10} + 2NaHO = U_2H_4O_5 + 2NaNO_3 + H_2O.$$

Ammoniak (NH₃): als ebensolches.

Natriumcarbonat (Na₂CO₃): blassgelbes Urancarbonat, im Ueberschuss des Fällungsmittels auflöslich und beim Kochen der Flüssigkeit wieder fällbar.

Ferrocyankalium (K₄FeCy₆): als rothbraunes Uranferrocyanid.

Schwefelwasserstoff (H₂S) bewirkt keine Fällung.

Schwefelammonium ((NH₄)₂S): als dunkelbraunes Uranoxysulfid (U₂O₂S), im Ueberschuss nicht löslich, in Ammonium- und Natriumcarbonat leicht auflöslich.

$$H_4U_2N_2O_{10} + (NH_4)_2S = U_2O_2S + 2NH_4NO_3 + 2H_2O.$$

Die Borax- oder Phosphorsalzperle wird durch Uranoxydsalze in der Oxydationsflamme gelb, in der Reductionsflamme grün gefärbt.

Kaliumbichromat K₂Cr₂O₇.

(Zweifach chromsaures Kali.)

Auf Platinblech erhitzt, schmilzt es ohne Zersetzung zu einer dunkelrothen Flüssigkeit. Wird das Salz auf der Kohle vor dem Löthrohr erhitzt, so wird es reducirt; der grüne Rückstand besteht aus Chromoxyd (Cr₂O₃) und Kaliumcarbonat (K₂CO₃).

Zur Nachweisung des Kaliumgehaltes verfährt man wie bei Chlorkalium (S. 1) angegeben.

Zur Nachweisung der Chromsäure (CrO₃) versetzt man die wässerige Auflösung des Salzes mit:

Chlorbaryum (BaCl₂): gelber, pulveriger Niederschlag von Baryumchromat (BaCrO₄), löslich in verdünnten Säuren, unlöslich in Essigsäure.

Quecksilberoxydulnitrat(Hg₂(NO₃)₂), welches rothes Quecksilberoxydulchromat (Hg₂CrO₄) erzeugt, in Salpetersäure löslich.

Bleiacetat (Pb(C₂H₃O₂)₂): gelber Niederschlag von Bleichromat (PbCrO₄), in verdünnter Salpetersäure löslich.

Silbernitrat (AgNO₃): rothbrauner Niederschlag von Silberchromat (Ag₂CrO₄), löslich in Salpetersäure.

Schwefelwasserstoff reducirt die angesäuerte Lösung, besonders beim Erwärmen, unter gleichzeitiger Ausscheidung von Schwefel, zu grünem Chromoxydsalz, welches in Auflösung bleibt.

$$K_2Cr_2O_7 + 3H_2S + 4H_2SO_4 = Cr_2(SO_4)_3 + 3S + K_2SO_4 + 7H_2O.$$

Versetzt man diese Flüssigkeit mit Ammoniak bis zur alkalischen Reaction, so fällt graublaues oder grünblaues Chromoxydhydrat.

$$Cr_2(SO_4)_3 + 6NH_3 + 6H_2O = Cr_2H_6O_6 + 3(NH_4)_2SO_4.$$

Schwefelammonium $((NH_4)_2S)$, im Ueberschuss hinzugefügt, fällt grünes Chromoxydhydrat, neben Schwefel.

$$K_2Cr_2O_7 + 3(NH_4)_2S + H_2O = Cr_2H_6O_6 + 3S + 2KHO + 6NH_3.$$

Chlorwasserstoffsäure reducirt die Auflösung des Kaliumbichromats beim Erwärmen zu Chromchlorid (Cr_2Cl_6) und Chlorkalium. Die Reduction wird durch Hinzufügen von Alkohol beschleunigt.

$$K_2Cr_2O_7 + 14HCl = Cr_2Cl_6 + 2KCl + 6Cl + 7H_2O.$$

$$K_2Cr_2O_7 + 8HCl + 3C_2H_6O = Cr_2Cl_6 + 2KCl + 7H_2O + 3C_2H_4O \text{ (Aldehyd)}.$$

Versetzt man diese Flüssigkeit mit:

Kali- oder *Natronlauge*, so fällt bläulichgrünes Chromoxydhydrat $(Cr_2H_6O_6)$, im Ueberschuss des Fällungsmittels mit grüner Farbe löslich. Beim Kochen der Flüssigkeit wird das Chromoxydhydrat wieder gefällt. Wird der Niederschlag abfiltrirt, mit etwas Soda und Salpeter gemengt auf dem Platinblech geschmolzen, so erhält man eine gelbe Schmelze, welche Kaliumchromat (K_2CrO_4) enthält.

Ammoniak (NH_3): graublaues oder grünblaues Chromoxydhydrat, im Ueberschuss des Fällungsmittels zu einer röthlichen Flüssigkeit auflöslich.

Natriumcarbonat (Na_2CO_3): grüner Niederschlag eines basischen Salzes. Versetzt man die Flüssigkeit, in welcher der Niederschlag suspendirt ist, mit Bromwasser im Ueberschuss und erwärmt, so bildet sich lösliches Natriumchromat, welches, nach Entfernung des Broms durch Kochen, die Flüssigkeit gelb färbt.

$$Cr_2H_2O_6 + 6Br + 5Na_2CO_3 = 2Na_2CrO_4 + 6NaBr + 5CO_2.$$

Die Phosphorsalz- oder Boraxperle wird in der Oxydationsflamme wie in der Reductionsflamme durch Chromverbindungen smaragdgrün gefärbt.

Ammonium-Aluminiumsulfat.

$$Al_2(SO_4)_3 + (NH_4)_2SO_4 + 24H_2O.$$

(Ammoniakalaun.)

Verliert beim Erhitzen im Glasröhrchen Krystallwasser und Ammoniak.

Zur Nachweisung der Schwefelsäure verfährt man, wie beim Kaliumsulfat angegeben (S. 3).

Zur Nachweisung des Ammoniumgehaltes wie beim Chlorammonium (S. 16).

Zur Nachweisung des Aluminiumoxyds versetzt man die wässerige Auflösung mit:

Kali- oder *Natronlauge,* welche weisses Thonerdehydrat ($Al_2H_6O_6$) fällen, im Ueberschuss löslich.

$$Al_2H_6O_6 + 6KHO = Al_2K_6O_6 + 6H_2O.$$

Beim Kochen der Flüssigkeit wird die Thonerde nicht wieder gefällt. (Unterschied von Chromoxyd.) Versetzt man indess die Flüssigkeit mit einem Ueberschuss von Chlorammonium und erhitzt, so entsteht wieder der ursprüngliche Niederschlag.

$$Al_2Na_6O_6 + 6NH_4Cl = Al_2H_6O_6 + 6NaCl + 6NH_3.$$

Ammoniak (NH_3): dieselbe Fällung, im Ueberschuss unlöslich. Filtrirt man den Niederschlag ab und erhitzt, nach Befeuchten mit Kobaltnitratlösung, vor dem Löthrohr auf der Kohle, so erhält man eine blaue Masse.

Natriumcarbonat (Na_2CO_3): ebensolchen.

Schwefelwasserstoff (H_2S): keine Fällung.

Schwefelammonium ($(NH_4)_2S$): weisses Thonerdehydrat, im Ueberschuss unlöslich.

$$Al_2(NH_4)_2(SO_4)_4 + 3(NH_4)_2S + 6H_2O = Al_2H_6O_6$$
$$+ 4(NH_4)_2SO_4 + 3H_2S.$$

Methode der qualitativen Analyse.

Die qualitative Analyse bezweckt die Erkennung der einzelnen Körper resp. die Zerlegung zusammengesetzter Verbindungen. Zur Erkennung eines Körpers als solchen benutzt man gewöhnlich sein Verhalten gegen andere Stoffe, durch welche er in bestimmte, durch Form und Farbe charakteristische Verbindungen übergeführt wird. Bei der Untersuchung zusammengesetzter Verbindungen ist mit der Erkennung des einen Körpers gleichzeitig die Trennung von den anderen vorhandenen Stoffen verbunden, indem man als Reagens eine Substanz wählt, welche mit den letztern keine unlöslichen Verbindungen erzeugt. Hat man z. B. eine Auflösung von Blei- und Kupfernitrat und versetzt, zur Nachweisung des Bleioxyds, die Flüssigkeit mit verdünnter Schwefelsäure, so entsteht ein weisser Niederschlag von Bleisulfat, während das Kupferoxydsalz in Auflösung bleibt. Filtrirt man von dem Bleisulfat ab, so lässt sich im Filtrate das Kupfer mit Ammoniak oder Ferrocyankalium nachweisen.

Die Trennung der Oxyde von einander gründet sich auf das verschiedene Verhalten, welches dieselben gegen S c h w e - f e l w a s s e r s t o f f, S c h w e f e l a m m o n i u m, A m m o n i u m - c a r b o n a t und N a t r i u m p h o s p h a t zeigen. So unterscheidet man:

1) K ö r p e r, w e l c h e a u s s a u r e r L ö s u n g d u r c h *Schwefelwasserstoff* f ä l l b a r sind,

2) solche, w e l c h e aus saurer Lösung durch Schwefelwasserstoff nicht, wohl aber aus neutraler oder ammoniakalischer Lösung durch *Schwefelammonium* gefällt werden,

3) solche, welche weder durch Schwefelwasserstoff, noch durch Schwefelammonium, aber durch *Ammoniumcarbonat* gefällt und

4) Körper, die durch diese Reagentien nicht, wohl aber durch *Phosphorsalz* (oder Natriumphosphat) gefällt werden, endlich

5) Körper, die durch keins dieser Reagentien fällbar sind.

Man ist demnach durch successive Anwendung dieser Reagentien im Stande, sämmtliche Oxyde (worunter auch einige Säuren) in fünf grosse Gruppen zu spalten und kann dann die zu denselben gehörigen Körper mittels weiterer Reagentien einzeln erkennen.

Untersuchung
in Wasser oder Säuren löslicher Substanzen, welche blos ein Metalloxyd enthalten [1]).

I.

Eine Probe der Lösung wird mit einigen Tropfen Salpetersäure schwach sauer gemacht und mit Schwefelwasserstoffwasser im Ueberschuss versetzt. Es entsteht ein:

Schwarzer Niederschlag.

1) Man versetzt eine neue Quantität der Flüssigkeit mit Chlorwasserstoffsäure. Es entsteht ein weisser Niederschlag.

a) Der weisse Niederschlag ist durch Zusatz von Wasser und Erwärmen auflöslich. In dieser Lösung erzeugt verdünnte Schwefelsäure eine weisse Fällung: Bleioxyd.

b) Der weisse Niederschlag löst sich beim Uebergiessen mit Ammoniak und wird aus dieser Lösung durch Zusatz von Salpetersäure wieder ausgefällt: Silberoxyd.

---

[1]) Dieser Gang der Untersuchung soll nur als Vorübung dienen, da man bei der Untersuchung unbekannter Substanzen nicht wissen kann, ob dieselben ein Oxyd enthalten oder mehrere.

c) Der weisse Niederschlag wird beim Uebergiessen mit Ammoniak im Ueberschuss schwarz: Quecksilberoxydul.

2) Die ursprüngliche Lösung gibt bei Zusatz von verdünnter Schwefelsäure und Alkohol einen weissen Niederschlag: Bleioxyd.

3) Eine Probe der ursprünglichen Flüssigkeit wird mit Ammoniak im Ueberschuss versetzt.

a) Die Flüssigkeit färbt sich blau. Die blaue Färbung verschwindet auf genügenden Zusatz von Chlorwasserstoffsäure, und in dieser Lösung entsteht beim Versetzen mit Ferrocyankalium ein braunrother Niederschlag: Kupferoxyd.

b) Die ursprüngliche Flüssigkeit gibt mit Natronlauge (Kalilauge) eine gelbe Fällung. Durch Zinnchlorür entsteht ein weisser Niederschlag, der beim Erwärmen grau wird: Quecksilberoxyd.

c) Es entsteht ein weisser Niederschlag durch Ammoniak: Wismuthoxyd oder Quecksilberoxyd. Der Niederschlag wird durch Filtriren von der Flüssigkeit getrennt, getrocknet, mit etwas Jodkalium und Schwefel gemengt und auf der Kohle vor dem Löthrohr erhitzt. Scharlachrother Beschlag: Wismuthoxyd.

4) Die ursprüngliche Lösung erzeugt beim Erwärmen mit Oxalsäure oder Eisenoxydulsulfatlösung einen braunen Niederschlag: Goldoxyd.

Brauner Niederschlag.

In Schwefelammonium auflöslich. Chlorwasserstoffsäure erzeugt in der Lösung eine gelbe Fällung: Zinnoxydul.

Orangefarbiger Niederschlag.

In Schwefelammonium auflöslich. Wird aus dieser Lösung durch Zusatz von verdünnter Schwefelsäure wieder gefällt: Antimonoxyd.

Gelber Niederschlag.

1) Der Niederschlag ist in Schwefelammonium unlöslich: Cadmiumoxyd.

2) Der gelbe Niederschlag lässt sich in Schwefelammonium auflösen, dagegen nicht in Ammoniumcarbonat: Zinnoxyd.

3) Der gelbe Niederschlag ist in Schwefelammonium· auflöslich, ebenso in Ammoniumcarbonat: Arsenige Säure.

Weisse Ausscheidung von Schwefel.

1) Die ursprüngliche Lösung war gelb und ist nach Zusatz von Schwefelwasserstoff farblos geworden. Die ursprüngliche Flüssigkeit gibt mit Ferrocyankalium einen blauen Niederschlag oder eine blaue Färbung: Eisenoxyd.

2) Die ursprüngliche Lösung war gelb oder orangefarben und wird nach Zusatz von überschüssigem Schwefelwasserstoffwasser zuerst braun, dann grün, unter gleichzeitiger Abscheidung von Schwefel. Die ursprüngliche Flüssigkeit gibt mit Bleiacetat eine gelbe Fällung: Chromsäure.

3) Die ursprüngliche Lösung war violett und entfärbt sich auf Zusatz von Schwefelwasserstoff. Dasselbe tritt ein, wenn man die Flüssigkeit mit schwefeliger Säure oder Eisenoxydulsulfat, nach vorherigem Ansäuren mit verdünnter Schwefelsäure versetzt: Uebermangansäure.

II.

Ist durch Schwefelwasserstoff keine ·Fällung entstanden, so versetzt man eine Probe der ursprünglichen Flüssigkeit erst mit Salmiak, dann mit Ammoniak und zuletzt mit Schwefelammonium. Es entsteht ein:

Schwarzer Niederschlag.

1) Die ursprüngliche Flüssigkeit ist gelb, gibt mit Natronlauge (Kalilauge) einen rothbraunen Niederschlag und mit Ferrocyankalium eine blaue Fällung: Eisenoxyd.

2) Die ursprüngliche Flüssigkeit ist grünlich oder farblos, gibt mit Natronlauge einen schmutzig grünen Niederschlag und mit Ferridcyankalium eine blaue Fällung: Eisenoxydul.

3) Die ursprüngliche Lösung ist röthlich oder grünlich gefärbt. Zu einem Theil derselben setzt man Natriumcarbonat.

a) Schmutzig rother Niederschlag. Die ursprüngliche Flüssigkeit ist roth und gibt mit Natronlauge eine blaue Fällung: Kobaltoxydul.

b) Hellgrüner Niederschlag: Nickeloxydul.

Fleischrother Niederschlag.

Die ursprüngliche Lösung gibt mit Natronlauge einen weissen, an der Luft braun werdenden Niederschlag. Die ursprüngliche feste Substanz erzeugt mit etwas Salpeter und Soda auf Platinblech geschmolzen eine grüne Masse: Manganoxydul.

Weisser Niederschlag.

Ein Theil der ursprünglichen Lösung wird mit Natronlauge im Ueberschuss versetzt.

1) Der anfangs entstehende weisse Niederschlag löst sich im Ueberschuss von Natronlauge wieder auf. Diese Lösung gibt mit Schwefelwasserstoffwasser versetzt

a) einen weissen Niederschlag: Zinkoxyd.

b) keinen Niederschlag; dagegen erfolgt eine voluminöse, weisse Fällung, wenn die alkalische Lösung erst mit Chlorwasserstoffsäure bis zur sauren Reaction und hierauf mit Ammoniak und Ammoniumcarbonat versetzt wird: Thonerde.

2) Der weisse Niederschlag durch Natronlauge ist im Ueberschuss dieses Reagens' unlöslich: Verbindungen von Baryum, Strontium oder Calcium mit Phosphorsäure, Oxalsäure oder Borsäure.

Grüner Niederschlag.

Die ursprüngliche Flüssigkeit ist grün oder violett. Durch Zusatz von Natronlauge entsteht ein schmutzig grüner Niederschlag, der sich im Ueberschuss von Natronlauge wieder löst und durch Kochen dieser Flüssigkeit wieder gefällt wird: Chromoxyd.

III.

Die ursprüngliche Lösung gibt weder mit Schwefelwasserstoff noch mit Schwefelammonium Niederschläge, sie erzeugt dagegen nach vorherigem Zusatz von *Salmiak* und *Ammoniak* mit *Ammoniumcarbonat* eine weisse Fällung.

1) Die ursprüngliche Lösung gibt, auch wenn sie stark mit Wasser verdünnt wird, mit verdünnter Schwefelsäure einen weissen, in Chlorwasserstoffsäure unlöslichen Niederschlag: Baryt.

2) Die ursprüngliche Lösung gibt mit verdünnter Schwefelsäure erst nach einiger Zeit einen Niederschlag. Die ursprüngliche Substanz, im festen Zustande mittels eines Platindrahtes in eine Flamme gebracht, färbt dieselbe intensiv roth: Strontian.

3) Die ursprüngliche Flüssigkeit wird durch verdünnte Schwefelsäure gar nicht gefällt, sie gibt dagegen, mit Salmiak, Ammoniak und Ammoniumoxalat versetzt, einen weissen Niederschlag, der in Essigsäure unlöslich ist: Kalk.

IV.

Die Flüssigkeit, welche mit keinem der vorhergehenden Gruppen-Reagentien eine Fällung gegeben hat, wird zuerst mit *Salmiak,* dann mit *Ammoniak* und schliesslich mit *Phosphorsalz* (oder *Natriumphosphat*) versetzt. Weisser Niederschlag: Magnesia.

V.

Wenn die ursprüngliche Lösung auch keine Reaction auf Magnesia gezeigt hat, so können nur noch Alkalien zugegen sein. Zur Unterscheidung derselben dienen die folgenden Versuche:

1) Man versetzt eine Probe der ursprünglichen Flüssigkeit mit *Natronlauge* (Kalilauge) im Ueberschuss und erwärmt. Es zeigt sich der Geruch nach Ammoniak, und ein in die Probirröhre gehaltenes Stück rothes Lackmuspapier wird blau: Ammoniak.

2) Die ursprüngliche feste Substanz erzeugt, mittels eines Platindrahtes in die Flamme gehalten, eine violette Färbung. Die ursprüngliche, concentrirte Lösung gibt bei Zusatz von *Platinchlorid* und Alkohol eine gelbe Fällung: Kali.

3) Bei der Prüfung am Platindraht in der Flamme färbt sich diese intensiv gelb: Natron.

Gang der qualitativen Analyse mit Berücksichtigung der häufiger vorkommenden Körper.

Vorprüfung.

Bei der Untersuchung zusammengesetzter Verbindungen ist es zweckmässig, vorher mit der trockenen Substanz sogenannte Vorprüfungen anzustellen, welche Aufschluss über die Natur der zu untersuchenden Verbindung geben und die specielle Untersuchung sehr erleichtern. Bei der Untersuchung einfach zusammengesetzter Substanzen kann man direct zu der eigentlichen Untersuchung auf nassem Wege übergehen oder von den folgenden Vorprüfungen nur die hauptsäch- lichsten anstellen.

Bei der Vorprüfung einer Substanz wird festgestellt:

1) Das Verhalten beim Erhitzen im Glasröhrchen,

2) Das Verhalten beim Erhitzen vor dem Löthrohr auf der Kohle (oxydirendes und reducirendes Erhitzen),

3) Verhalten gegen die schmelzende Borax- oder Phosphorsalzperle,

4) Verhalten gegen concentrirte Schwefelsäure, und

5) beim Erhitzen am Platindraht (Flammenfärbungen).

Erhitzen im Glasröhrchen [1]).

Man bringt die gepulverte Substanz in ein, an dem einen Ende zugeschmolzenes, Glasröhrchen (circa 6 mm weit und 8—10 cm lang) und erhitzt.

---

[1]) Die meisten Verbindungen verlieren beim Erhitzen Wasser, welches sich an den kälteren Wandungen des Röhrchens condensirt und die Beobachtung von Beschlägen unsicher macht. Es ist daher zweckmässig, nach dem Eintragen der Substanz in das Glasröhrchen, dieselbe schwach

Die Substanz kann hierbei entwickeln:

1) *Farblose Gase:* Kohlensäure, Kohlenoxyd, Sauerstoff, Schwefelwasserstoff, schwefelige Säure, Cyan, Acetondämpfe.

2) *Saure Dämpfe:* Chlorwasserstoff, Bromwasserstoff, Jodwasserstoff, Fluorwasserstoff.

3) *Ammoniak.*

4) *Gefärbte Dämpfe:* Chlor (grün), Brom (braunroth), Jod (violett), salpetrige Säure (gelb).

Entsteht beim Erhitzen der ursprünglichen Verbindung im Glasröhrchen ein Beschlag (Ablagerung einer festen, flüchtigen Verbindung an den kälteren Theilen der Röhre), und ist der Beschlag gelb, so deutet dies auf

> *Schwefel,*
> *Schwefelarsen* oder
> *Jodquecksilber.*

Schwefelarsen löst sich durch Betupfen mit einer Auflösung von Ammoniumcarbonat und ist vom Schwefel durch seine orangegelbe Farbe zu unterscheiden. Besteht der Beschlag aus

Jodquecksilber, so wird dies beim Reiben mit einem Glasstabe roth.

Ist der entstandene Beschlag

schwarz, metallglänzend, so hat man

> *Arsen,*
> *Tellur,*
> *Quecksilber* (der Beschlag ist alsdann grauweiss und

lässt mit Hülfe der Loupe kleine Kügelchen erkennen),

> *Cadmium,*
> *Selen,*
> *Schwefelquecksilber*

zu berücksichtigen.

Arsen ist vorzugsweise an seinem Verhalten gegen Salpetersäure und Silbernitrat zu erkennen (siehe S. 35).

---

zu erwärmen und den entweichenden Wasserdampf mit aufgerolltem Filtrirpapier aufzusaugen.

Tellur erstarrt beim Erkalten.

Cadmium bildet, bei Luftzutritt erhitzt, braungelbes Cadmiumoxyd.

Selen und Schwefelquecksilber werden durch Reiben roth; Selen erzeugt, bei Luftzutritt erhitzt, den Geruch nach faulem Rettig.

Ist der entstandene Beschlag

weiss, so kann derselbe von

Antimonoxyd,

arseniger Säure,

Quecksilberchlorid,

Quecksilberchlorür,

Chlorammonium

herrühren. Der Beschlag von

arseniger Säure verflüchtigt sich beim Erhitzen, ohne vorher zu schmelzen;

Antimonoxyd schmilzt, ehe es sich verflüchtigt.

Quecksilberchlorid schmilzt vor dem Verflüchtigen und wird durch Betupfen mit Kalilauge gelbroth;

Quecksilberchlorür sublimirt, ohne zu schmelzen und wird durch Betupfen mit Kalilauge geschwärzt.

Chlorammonium kann durch sein Verhalten gegen Kalilauge erkannt werden, zu welcher Reaction auch die ursprüngliche Verbindung verwandt werden kann (siehe S. 16).

Enthält die zu untersuchende Verbindung Wasser, so setzt sich dieses beim Erhitzen an den kälteren Theilen der Röhre als Tröpfchen ab.

Bei Gegenwart nicht flüchtiger *organischer Verbindungen* (Tartrate etc.) wird die Verbindung beim Erhitzen unter Abscheidung von Kohle geschwärzt. Da diese Körper die Fällung verschiedener Oxyde verhindern können (so verhindert z. B. die Weinsäure die Fällung von Thonerde und Chromoxyd durch Ammoniak), so müssen dieselben vor der eigentlichen Untersuchung durch Glühen zerstört werden. Bei Gegenwart flüchtiger Körper, z. B. Quecksilber oder Arsen, zersetzt man die organischen Verbindungen anstatt durch Glühen, durch Erwärmen mit Chlorwasserstoffsäure und Kaliumchlorat.

Bei Gegenwart einiger *Cyanverbindungen* (Ferrocyankalium etc.) wird die ursprüngliche Verbindung beim Erhitzen im Glasröhrchen gebräunt, meist unter Entwickelung von Cyan resp. Cyanwasserstoff oder Ammoniak. Diese Substanzen sind vor der Analyse wie die organischen Verbindungen zu behandeln.

Prüfung vor dem Löthrohr auf der Kohle.

Man bringt eine kleine Probe der feingepulverten Verbindung auf Kohle und erhitzt mit der Löthrohrflamme.

Verpufft hierbei die Substanz, so deutet dies auf

> *Nitrate,*
> *Chlorate,*
> *Bromate,*
> *Jodate.*

Hinterlässt die Probe nach dem Erhitzen eine *weisse, ungeschmolzene Masse,* so können

> *Alkalische Erden* und deren Salze,
> *Thonerde,*
> *Zinnoxyd,*
> *Zinkoxyd,*
> *Titansäure,*
> *Tantalsäure,*
> *Niobsäure,*
> *Wolframsäure*

vorhanden sein. Befeuchtet man den Rückstand mit Kobaltnitrat und erhitzt, so wird derselbe bei Gegenwart von Thonerde blau, bei Magnesia fleischfarbig, bei Zinkoxyd gelbgrün und Zinnoxyd blaugrün.

Man mengt eine Probe der ursprünglichen Verbindung mit Soda oder Cyankalium und erhitzt in der reducirenden Löthrohrflamme.

Bei Gegenwart *schwefelhaltiger Verbindungen* erhält man gelb- bis rothgefärbte Schmelzen, welche, auf ein Silberstück gebracht und mit Wasser befeuchtet, einen schwarzen Fleck (Schwefelsilber) erzeugen (S. 4).

Bei Gegenwart von Metalloxyden erhält man entweder

regulinische Metalle ohne, oder regulinische Metalle mit
Oxydbeschlag, oder man erhält nur einen Beschlag ohne
Regulus.

Geschmolzenes Metall ohne Beschlag

kann aus:

Gold,

Silber,

Kupfer,

Zinn

bestehen. Zur Erkennung der beiden letzten zerreibt man
den Rückstand auf der Kohle auf Zusatz von Wasser im
Achatmörser; war Kupfer vorhanden, so hinterlässt dasselbe
nach dem Abschlämmen der Kohle rothe Metallflitter; besteht
der Rückstand aus weissen dehnbaren Metallkörnern, so können
diese von Zinn herrühren, welche gegen die grüne Kupferperle zu prüfen sind (S. 36).

Silber löst sich in verdünnter Salpetersäure; die Auflösung wird durch Chlorwasserstoffsäure gefällt;

Gold bleibt hierbei ungelöst zurück.

Geschmolzenes Metall mit Beschlag:

Antimon,

Wismuth,

Blei,

Thallium,

Indium.

Antimon wird grösserentheils verflüchtigt, die Probe
raucht stark, und das entstehende Antimonoxyd erzeugt einen
dichten, weissen Beschlag. Wismuth liefert einen dunkelgelben Beschlag; das Metall selbst ist spröde. Mengt man
die ursprüngliche Verbindung mit etwas Jodkalium und
Schwefel und erhitzt auf der Kohle, so erhält man einen
leicht flüchtigen scharlachrothen Beschlag von Wismuthjodid.
Blei erzeugt einen gelben Beschlag, das Metallkorn ist dehnbar. Indium liefert einen weissen, Thallium einen gelben
Beschlag. Beide Metallkörner sind dehnbar.

Ungeschmolzenes Metall ohne Beschlag:

Nickel,

Kobalt,

Eisen,

Wolfram,

Molybdän,

Platin,

(Rhodium, Iridium etc.).

Diese Metalle sind fast sämmtlich durch ihr Verhalten gegen die Phosphorsalzperle zu erkennen (S. 69). Behandelt man das ausgewaschene Metallpulver mit verdünnter Salpetersäure, so bleibt bei Gegenwart von Platin (Rhodium, Iridium) der Rückstand unverändert, während bei Gegenwart von Wolfram und Molybdän die entsprechenden Säuren entstehen.

Beschlag ohne Metallkorn.

Es sind zu berücksichtigen:

Zink,

Cadmium,

Arsen,

Tellur.

Zinkoxyd bildet einen in der Hitze gelb, nach dem Erkalten weiss aussehenden, nicht flüchtigen Beschlag. Der Cadmiumoxydbeschlag ist braungelb und lässt sich durch Anblasen mit der Löthrohrflamme verflüchtigen. Der Arsenbeschlag ist sehr flüchtig und entwickelt beim Anblasen Knoblauchgeruch. Tellur liefert einen weissen Beschlag mit röthlichgelbem Rande. Durch Anblasen mit der Reductionsflamme des Löthrohrs verschwindet derselbe.

Bunsen'sche Flammenreactionen.

Anstatt die vorhin angeführten Reductionen mit Hülfe des Löthrohrs auf Kohle vorzunehmen, kann man hierzu, nach dem von Bunsen angegebenen Verfahren, die nicht leuchtende Gasflamme benutzen. Zur Erzeugung dieser bedient man sich

eines mit einer drehbaren Hülse versehenen Bunsen'schen
Brenners und regulirt mit derselben den Luftzutritt so, dass
eine leuchtende Spitze a b a (neben-
stehende Figur) entsteht. Der auf-
gesetzte conische Schornstein d'ddd'
bewirkt, dass die Flamme ruhig und
ohne flackernde Bewegung brennt.

In dieser Flamme lassen sich
folgende Haupttheile unterscheiden:

1) der dunkele Kegel a'aaa',
welcher die kalten, mit etwa 62 Proc.
atmosphärischer Luft gemengten
Leuchtgase enthält;

2) der Flammenmantel a'ca'b,
welcher von dem brennenden, mit Luft
gemengten Leuchtgase gebildet wird,
und an diesem die leuchtende
Spitze a b a, welche durch richtige
Stellung der an dem Brenner ange-
brachten drehbaren Hülse hervorgebracht wird.

In diesen Theilen der Flamme
liegen folgende sechs Reactionsräume:

1) Die Flammenbasis α. Durch die von unten zu-
strömende Luft, sowie auch durch Ableitung der Wärme durch
das Brennerrohr ist die Temperatur der Flammenbasis eine
verhältnissmässig sehr niedrige, weshalb man dieselbe vorzugsweise benutzen kann, um leichtflüchtige Körper von anderen schwerer verdampfenden Stoffen zu trennen.

2) Der Schmelzraum. Die in diesem Raume herrschende
höchste Temperatur liegt bei β, wo der Flammenmantel die
grösste Dicke besitzt, gleichweit von der äusseren und inneren
Begrenzung des Flammenmantels entfernt. Diesen Raum
benutzt man zur Prüfung der Stoffe auf Schmelzbarkeit und
Flüchtigkeit.

3) Der untere Oxydationsraum liegt bei γ, in dem
äusseren Rande des Schmelzraumes. Dieser Theil der Flamme

ist besonders zur Oxydation der in Glasflüssen gelösten Oxyde geeignet.

4) Der obere Oxydationsraum, welcher durch die nicht leuchtende Flammenspitze bei *s* gebildet wird, dient vorzüglich zu Röstungen und Oxydationen, welche nicht sehr hohe Temperaturen erfordern.

5) Der untere Reductionsraum liegt bei *o* am inneren, dem dunkeln Kegel zugekehrten Rande des Schmelzraumes. Dieser Flammentheil dient vorzugsweise zur Reduction am Kohlenstäbchen und in Glasflüssen.

6) Der obere Reductionsraum bei *η* wird durch theilweises Schliessen der an dem Brenner befindlichen Hülse erzeugt. Man darf den Luftzutritt durch die Zuglöcher nicht so weit verringern, dass sich ein mit kaltem Wasser gefülltes Probirröhrchen in der leuchtenden Spitze mit Russ bedeckt.

Dieser Theil der Flamme enthält keinen freien Sauerstoff, ist dagegen reich an ausgeschiedener, glühender Kohle, weshalb derselbe stark reducirende Eigenschaften besitzt, und man benutzt ihn zur Reduction von Metallen, welche man in Form von Beschlägen auffangen will.

Reduction am Kohlenstäbchen. Handelt es sich nun um Reduction von Metallen, so kann man, anstatt die zu prüfende Substanz mit Soda oder Cyankalium zu mengen und vor dem Löthrohr auf der Kohle zu reduciren, diese Reduction am Kohlenstäbchen vornehmen. Man bestreicht ein gewöhnliches Zündhölzchen bis zu $^3/_4$ seiner Länge mit einem bis zur breiigen Erweichung erhitzten Sodakrystall und dreht dasselbe in der Flamme langsam um seine Axe. Hierdurch bildet sich um das verkohlte Holz eine Kruste von festem Natriumcarbonat, welche dasselbe beim Erhitzen vor dem leichteren Verbrennen schützt. Die zu untersuchende Probe, von der Grösse eines Hirsekorns, wird mit einem Körnchen schmelzender krystallisirter Soda vermischt und an die Spitze des verkohlten Stäbchens gebracht. Man erhitzt zuerst in der unteren Oxydationsflamme zum Schmelzen und führt sie dann durch den dunkeln Flammenkegel in den heissesten Theil des unteren Reductionsraumes. Geht hier die Reduction vor sich (was sich durch ein Aufwallen der Soda zu erkennen gibt), so lässt man die Probe in dem dunkeln Kegel der Flamme erkalten. Man kneipt alsdann die Spitze des Kohlenstäbchens ab und zerreibt mit einigen Tropfen Wasser in einem kleinen Achatmörser, wobei die Metallflitter deutlich sichtbar werden.

Beschläge auf Porzellan. Flüchtige, durch Wasserstoff und Kohle reducirbare Elemente können leicht aus ihren Verbindungen abgeschieden und entweder als solche oder als Oxyde auf Porzellan oder Glas niedergeschlagen werden. Diese Absätze (Beschläge oder Anflüge) lassen sich alsdann in Jodid- und Sulfidverbindungen überführen, die meist sehr charakteristische Erkennungsmerkmale liefern.

Diese Methode gestattet vorzüglich die Nachweisung von Tellur, Selen, Antimon, Arsen, Wismuth, Quecksilber, Zinn, Blei, Zink, Cadmium und Indium und hat den grossen Vorzug, dass man im Stande ist, die geringsten Spuren dieser Körper mit Sicherheit zu constatiren.

Zur Erzeugung des Metallbeschlags bringt man eine Spur der zu untersuchenden Verbindung an einem Asbestfaden in den oberen Reductionsraum der Flamme, während man gleichzeitig eine mit kaltem Wasser gefüllte glasirte (möglichst dünne) Porzellanschale (1—1,2 dcm Durchmesser) dicht über dem Asbestfaden in die obere Reductionsflamme hält. Die betreffenden Metalle scheiden sich als schwarze, matte oder spiegelnde Beschläge oder als Anflüge aus.

Zur Herstellung des Oxydbeschlags verfährt man wie bei der Erzeugung des Metallbeschlags, mit dem Unterschied, dass man die mit kaltem Wasser gefüllte Porzellanschale in den oberen Oxydationsraum der Flamme hält. Den erhaltenen Oxydbeschlag kann man noch gegen Silbernitrat prüfen. Man breitet einen Tropfen Silbernitrat mit einem Glasstab auf dem Beschlage aus und bläst mit einer kleinen, mit verdünntem Ammoniak theilweise angefüllten Spritzflasche (bei welcher das Blaserohr unter der Flüssigkeit, das Spritzrohr unter dem Kork mündet) einen Luftstrom darauf und beobachtet die entstehenden Farbenreactionen.

Der Jodidbeschlag wird aus dem Oxydbeschlag erhalten,

indem man denselben der Einwirkung von rauchender Jodwasserstoffsäure aussetzt [1]) und nachher ganz gelinde erwärmt.
Der Sulfidbeschlag kann wieder aus dem Jodidbeschlag
auf die Art erhalten werden, dass man denselben mit einer
Schwefelammonium enthaltenden Spritzflasche anbläst und gelinde erwärmt. Dieser Beschlag charakterisirt sich sowohl
durch Farbe als auch durch sein Verhalten gegen einen Ueberschuss von Schwefelammonium.

Tellur. Metallbeschlag schwarz, in dünnen Schichten
braun; beim Erwärmen mit einem Tropfen concentrirter
Schwefelsäure entsteht eine carminrothe Lösung. Oxydbeschlag weiss, nach dem Behandeln mit Silbernitrat und Ammoniak weiss ins gelbliche. Jodidbeschlag braun, vorübergehend verhauchbar. Sulfidbeschlag schwarz bis schwarzbraun, mit überschüssigem Schwefelammonium vorübergehend
verschwindend.

Selen. Metallbeschlag kirschroth, in dünnen Schichten
ziegelroth, in concentrirter Schwefelsäure mit grüner Farbe
löslich. Oxydbeschlag weiss, mit Silbernitrat und Ammoniak
behandelt weiss. Jodidbeschlag braun, nicht völlig verhauchbar. Sulfidbeschlag gelb bis orange, mit überschüssigem
Schwefelammonium orange und vorübergehend verschwindend.

Antimon. Metallbeschlag schwarz, in dünnen Lagen
braun. Oxydbeschlag weiss, mit Silbernitrat und Ammoniak
schwarz, in Ammoniak unlöslich. Jodidbeschlag orangeroth
durch Gelb, vorübergehend verhauchbar. Sulfidbeschlag
orange, mit Schwefelammonium verschwindend.

Arsen. Metallbeschlag schwarz, in dünnen Lagen braun.
Oxydbeschlag weiss, mit Silbernitrat und Ammoniak citronengelb oder braunroth, in Ammoniak löslich. Jodidbeschlag

---

[1]) Jodwasserstoffsäure entsteht durch Einwirkung des Wasserdampfs
der atmosphärischen Luft auf Jodphosphor. Letzterer wird durch Erhitzen
von Jod mit amorphem Phosphor erhalten. Hat derselbe die Eigenschaft
zu rauchen verloren, so braucht man nur etwas wasserfreie Phosphorsäure
hinzuzufügen.

eigelb, vorübergehend verhauchbar. Sulfidbeschlag citronengelb, mit Schwefelammonium vorübergehend verschwindend.

Wismuth. Metallbeschlag schwarz, in dünnen Schichten russbraun. Oxydbeschlag gelblichweiss, auf Zusatz von Silbernitrat und mit Ammoniak angeblasen, weiss. Jodidbeschlag bläulichbraun, mit fleisch- bis morgenrothem Anflug, vorübergehend verhauchbar. Sulfidbeschlag umbrabraun mit kaffeebraunem Anflug, durch überschüssiges Schwefelammonium nicht verschwindend.

Quecksilber. Metallbeschlag grauer, unzusammenhängender Anflug. Jodidbeschlag carminroth und citronengelb, nicht verhauchbar. Sulfidbeschlag schwarz, mit Schwefelammonium nicht verschwindend.

Blei. Metallbeschlag schwarz, in dünnen Lagen braun. Oxydbeschlag hellockergelb, mit Silbernitrat und Ammoniak weiss. Jodidbeschlag eigelb bis citronengelb, nicht verhauchbar. Sulfidbeschlag durch Braunroth in Schwarz, durch überschüssiges Schwefelammonium nicht verschwindend.

Cadmium. Metallbeschlag schwarz, in dünnen Lagen braun. Oxydbeschlag schwarz in Braun, mit weissem Anflug; mit Silbernitrat und Ammoniak wird der weisse Anflug blauschwarz. Jodidbeschlag weiss. Sulfidbeschlag citronengelb, mit Schwefelammonium nicht verschwindend.

Zink. Metallbeschlag schwarz, in dünnen Schichten braun. Oxydbeschlag weiss, mit Silbernitrat und Ammoniak weiss. Jodidbeschlag weiss. Sulfidbeschlag weiss, mit Schwefelammonium nicht verschwindend.

Zinn. Metallbeschlag schwarz, in dünnen Schichten braun. Oxydbeschlag gelblichweiss; mit Silbernitrat und Ammoniak weiss. Jodidbeschlag gelblichweiss. Sulfidbeschlag weiss, mit Schwefelammonium nicht verschwindend.

Indium. Metallbeschlag schwarz, in dünnen Lagen braun. Oxydbeschlag gelblichweiss; mit Silbernitrat und Ammoniak weiss. Jodidbeschlag gelblichweiss. Sulfidbeschlag weiss, mit Schwefelammonium nicht verschwindend.

Verhalten der Substanz gegen die Boraxperle.

Man bringt eine kleine Probe der gepulverten Verbindung in die geschmolzene Perle (siehe S. 29), erhitzt zuerst in der Oxydationsflamme, nachher in der Reductionsflamme und beobachtet die hierbei auftretenden Färbungen.

Färbung in der Oxydationsflamme.

Farblos: *Alkalische Erden,*
Silber,
Zink,
Zinn,
Cadmium,
Molybdän,
Wolfram,
Tantal,
Niob,
Titan.

Bei starker Sättigung erscheinen die Perlen oft gelblich und werden nach dem Erkalten trübe.

Gelb: *Eisenoxyd* (heiss roth),
Chrom (kalt grün),
Nickel (heiss violett),
Ceroxyd (heiss rothgelb),
Uran (heiss rothgelb),
Vanadin.

Grün: *Chrom* (heiss roth),
Kupfer (kalt blau).

Blau: *Kobalt,*
Kupfer (heiss grün).

Violett: *Mangan* (kalt violettroth),
Nickel (kalt gelbroth),
Didym.

Färbung in der Reductionsflamme.

Roth: *Kupfer* (stark gesättigt undurchsichtig),
Titansäure,
Wolframsäure,
Niobsäure (bei Gegenwart von Eisen blutroth).

Gelb: *Wolfram,*
Molybdän,
Vanadinsäure.

Grün: *Eisen,*
Chrom,
Uran,
Vanadin.

Blau: *Kobalt.*

Grau: *Antimon,*
Nickel,
Zink,
Silber,
Wismuth,
Cadmium,
Blei,
Tellur (trübe).

Bei längerem Blasen werden die Perlen, mit Ausnahme der Niobsäure, wieder farblos.

Verhalten gegen die Phosphorsalzperle.

Färbung in der Oxydationsflamme.

Farblos: *Alkalische Erden,*
Silber,
Zink,
Zinn,
Cadmium,
Molybdän,
Wolfram,
Tantal,
Niob,
Titan,
Kieselsäure; bleibt beim Schmelzen ungelöst, schwimmt in der schmelzenden Perle umher und scheidet sich beim Erkalten aus (Kieselscelet).

Gelb: *Eisenoxyd,*
Nickel,
Uran (kalt gelbgrün),

Gelb: *Chrom* (kalt grün),
Ceroxyd (kalt farblos),
Vanadin.

Grün: *Kupfer* (kalt blau),
Chrom (kalt grün).

Blau: *Kobalt,*
Kupfer (kalt blau, heiss grün).

Violett: *Mangan,*
Didym.

Färbung in der Reductionsflamme.

Farblos: *Thonerde,*
alkalische Erden,
Zinn,
Mangan,
Cer,
Didym.

Roth: *Kupfer* (undurchsichtig),
Wolframsäure,
Titansäure,
Niobsäure (bei Gegenwart von Eisen).

Gelb: *Titansäure* (kalt violett),
Vanadinsäure (kalt grün).

Grün: *Uran,*
Chrom (kalt grün, heiss gelb).
Molybdän,
Vanadin (kalt grün, heiss gelb).

Blau: *Kobalt,*
Wolframsäure,
Niobsäure (schwach gesättigt violett),

Violett: *Titansäure* (heiss gelb),
Niobsäure (schwach gesättigt violett, stark gesättigt blau).

Grau: *Antimon,*
Nickel,
Zink,
Silber,
Wismuth,
Cadmium,
Blei,
Tellur (trübe).

Flammenfärbungen.

Eine kleine Probe der gepulverten Substanz befeuchtet man mit etwas Schwefelsäure oder Chlorwasserstoffsäure, bringt dieselbe an das ösenförmig umgebogene Ende eines Platindrahtes und erhitzt am unteren Rande der Flamme des Bunsen'schen Brenners.

Gelb: *Natriumverbindungen.* Die Färbung verschwindet, wenn man die Flamme durch Kobaltglas oder ein Indigoprisma beobachtet (S. 2).

Gelbroth: *Calciumverbindungen.* Durch ein grünes Glas beobachtet erscheint die Flamme zeisiggrün.

Roth: *Strontium-* und *Lithiumverbindungen.* Die Strontiumflamme ist scharlachroth, die von Lithium carminroth. (Am sichersten mit dem Spectralapparat zu unterscheiden.)

Violett: *Kalium-, Rubidium-, Cäsiumverbindungen.*

Grün: *Baryumverbindungen* (gelbgrün), *Thallium,* . *Phosphorsäure* (fahlgrün), . *Borsäure* (grasgrün).

Blau: *Kupferchlorid* (nach dem Befeuchten mit Salpetersäure grün).

Verhalten gegen concentrirte Schwefelsäure [1]).

Man bringt eine Probe der gepulverten Substanz in eine Probirröhre, übergiesst mit etwa dem dreifachen Volumen concentrirter Schwefelsäure und erwärmt schwach.

Entsteht beim Uebergiessen mit Schwefelsäure Aufbrausen, so deutet dies auf Carbonate. Erfolgt Entwickelung von

---

[1]) Die Prüfung der zu untersuchenden Substanz gegen concentrirte Schwefelsäure gibt vor Allem Aufschluss über die Anwesenheit gewisser nicht flüchtiger organischer Säuren (z. B. Weinsäure, Citronensäure, Cyan- und Ferrocyanverbindungen), von deren Anwesenheit man vor der eigentlichen Untersuchung gewiss sein muss (siehe hierüber S. 59).

Schwefelwasserstoff, so sind Schwefelmetalle vorhanden; scheidet sich gleichzeitig Schwefel aus, so deutet dies auf Polysulfide. Wird Schwefel ausgeschieden, unter Entwickelung von schwefeliger Säure, so ist auf Hyposulfite und Rhodanverbindungen Rücksicht zu nehmen.

Organische Verbindungen werden meist unter Schwärzung (Abscheidung von Kohle) zersetzt. Chlorverbindungen liefern Chlorwasserstoffgas, erkennbar am Geruche und an den weissen Nebeln, welche es beim Annähern eines mit Ammoniak befeuchteten Glasstabes liefert. Fluorverbindungen geben stark saure Dämpfe von Fluorwasserstoffsäure, welche Glas ätzen. Fluorsiliciumverbindungen entwickeln neben Fluorwasserstoff Fluorsilicium, welches sich beim Annähern eines feuchten Glasstabes unter Abscheidung von Kieselsäure zersetzt (siehe S. 21). Brommetalle liefern braunroth, Jodmetalle violettroth gefärbte Dämpfe; die Joddämpfe condensiren sich an den kälteren Theilen der Röhre zu einem schwarzen Sublimat. Nitrate (auf vorherigen Zusatz von metallischem Kupfer) und Nitrite entwickeln roth gefärbte Gase. Cyanmetalle, Ferro- und Ferricyanverbindungen werden unter Entwickelung von Blausäuregas zerlegt, erkennbar am Geruch. Bei Gegenwart von Molybdänsäure, Wolframsäure, Vanadinsäure, Titansäure wird, bei gleichzeitiger Einwirkung von Zink, die Flüssigkeit blau gefärbt.

Auflösen der Substanz.

Ehe man überhaupt zur Lösung einer Substanz schreitet, ist es nothwendig, dieselbe vorher fein zu pulvern. Dies ist besonders dann erforderlich, wenn es sich um Auflösung von Körpern handelt, welche überhaupt schwer von Lösungsmitteln angegriffen werden. Man versucht vorerst eine kleine Probe der Verbindung durch Kochen mit Wasser in Lösung zu bringen. Erfolgt die Lösung hierbei gar nicht oder nur theilweise, so wendet man zunächst Chlorwasserstoffsäure, verdünnte und concentrirte, an [1]). Wirkt auch diese nicht wesentlich ein, so bringt man Salpetersäure oder Königswasser (Mischung von 1 Thl. Salpetersäure mit 2—3 Thln. Chlorwasserstoffsäure) in Anwendung.

Wendet man Salpetersäure zur Zersetzung von Schwefelmetallen an, so kann sich Schwefel ausscheiden, sowie ein weisser Rückstand bleiben. Schwefel lässt sich leicht durch Erhitzen auf einem Porzellandeckel erkennen. Hinterlässt der Schwefel nach dem Verbrennen noch einen Rückstand, so löst man diesen in concentrirter Chlorwasserstoffsäure oder Königswasser und fügt diese Lösung der übrigen hinzu. Hinterlässt das Schwefelmetall beim Behandeln mit Salpetersäure noch einen weissen Rückstand, so prüft man einen Theil desselben zunächst vor dem Löthrohr auf der Kohle und bewirkt dessen Lösung durch Erwärmen mit concentrirter Chlorwasserstoffsäure oder Königswasser.

Zur Lösung von Metallen oder Metalllegirungen wendet man am besten Salpetersäure an. Bleibt hierbei ein weisser Rückstand, so kann dieser von Zinnoxyd und Antimonoxyd (bei Gegenwart von Arsen, Kupfer und Blei kleine Mengen dieser Metalle enthaltend) herrühren. Dieselben sind durch ihr Verhalten vor dem Löthrohr auf der Kohle leicht erkennbar. Durch Schmelzen mit Natriumcarbonat und Schwefel oder durch Digeriren mit gelbem Schwefelammonium gehen dieselben (unter Zurücklassung von CuS und PbS) in Lösung.

---

[1]) Bei Gegenwart von durch Säuren zersetzbaren Silicaten wird beim Erwärmen mit Chlorwasserstoffsäure die Kieselsäure theilweise ausgeschieden, welche, nach dem Filtriren, mit Hülfe der Phosphorsalzperle als solche erkannt werden kann. Ist die Gegenwart von Kieselsäure dargethan, so bewirkt man, vor der Prüfung auf Oxyde, deren vollständige Abscheidung, indem man die chlorwasserstoffsaure Lösung der Substanz zur Trockne bringt und den Rückstand noch einige Zeit im Wasserbade erhitzt. Erwärmt man nun den Rückstand mit wenig verdünnter Chlorwasserstoffsäure und dann auf Zusatz von Wasser, so bleibt sämmtliche Kieselsäure ungelöst zurück. Die erhaltene Kieselsäure muss mit Fluorammonium noch auf Reinheit d. h. auf Anwesenheit anderer in Chlorwasserstoffsäure unlöslichen Verbindungen geprüft werden. (Siehe: Specielle Reactionen der einzelnen Säuren: Kieselsäure.)

Bei der Untersuchung complicirt zusammengesetzter Substanzen ist es vortheilhaft, die verschiedenen Lösungen, welche beim Behandeln der Substanz mit Wasser, Salzsäure, Salpetersäure etc. erhalten werden, gesondert zu untersuchen.

Ist weder durch Chlorwasserstoffsäure, noch durch Salpetersäure oder Königswasser eine wesentliche Zersetzung der Substanz zu bewirken, so hat man speciell die Anwesenheit unlöslicher oder schwer löslicher Sulfate (vorzugsweise $BaSO_4$, auch $SrSO_4$, $PbSO_4$; letzteres ist in Ammoniumtartrat und Ammoniumacetat löslich und lässt sich hierdurch von den andern Sulfaten, auch von Kieselsäure, trennen), ferner die durch Säuren nicht zersetzbaren Silicate, Fluorverbindungen ($CaFl_2$ z. B.), Aluminium- und Chromverbindungen (z. B. Chromeisenstein), Chlormetalle ($AgCl$ z. B., auch $AgBr$ und AgJ), Schwefelmetalle (MoS_3), Ferrocyanverbindungen (Berlinerblau), unlösliche Oxyde und Säuren (so z. B. stark geglühtes Eisenoxyd, Zinn- und Antimonoxyd, Titan-, Tantal-, Niobsäure) und Kohlenstoff speciell zu berücksichtigen.

Unlösliche Sulfate, Silicate, Ferrocyanmetalle und einzelne Chromverbindungen lassen sich durch Schmelzen mit etwa der vierfachen Menge einer Mischung von gleichen Theilen Kalium- und Natriumcarbonat aufschliessen[1]); einige davon auch durch Kochen mit einer concentrirten Lösung von Kalium- oder Natriumcarbonat.

Wendet man Natriumcarbonat zur Zersetzung von

---

[1]) Haben wir z. B. Baryumsulfat und schmelzen mit Natriumcarbonat, so resultirt Baryumcarbonat und Natriumsulfat. Beim Auskochen der Schmelze mit Wasser geht das Natriumsulfat neben dem überschüssigen Natriumcarbonat in Auflösung, während Baryumcarbonat den Rückstand bildet. Das Natriumsulfat ist durch Filtration vom Baryumcarbonat zu trennen und letzteres, nach vollständigem Auswaschen, in verdünnter Salzsäure zu lösen. — Schmilzt man ein Silicat mit Natriumcarbonat, so geht, beim nachherigen Auslaugen der Schmelze mit Wasser, die Kieselsäure als Natriumsilicat in Auflösung. Es sind also stets die Säuren im wässerigen Auszuge der Schmelze und die Oxyde im Rückstande zu suchen.

Silicaten an, so kann natürlich diese Schmelze nicht zur Nachweisung der Alkalien dienen. In diesem Falle zersetzt man die Verbindungen entweder mit gasförmiger Fluorwasserstoffsäure, oder man mengt dieselben mit Fluorwasserstoff-Fluorammonium und erhitzt. Hierbei wird flüchtiges Fluorsilicium gebildet, während die Oxyde (als Fluormetalle) im Rückstande bleiben und durch Erwärmen mit concentrirter Chlorwasserstoffsäure (als Chloride) in Lösung gehen.

Fluor- und Aluminiumverbindungen lassen sich durch Erhitzen mit concentrirter Schwefelsäure aufschliessen. Erstere werden derart zersetzt, dass sich Fluorwasserstoffgas und die betreffenden Sulfate (bei CaFl₂ also CaSO₄) bilden, die durch Erwärmen mit Chlorwasserstoffsäure in Lösung gehen.

Chromeisenstein lässt sich (nach vorherigem Schlämmen) sowohl durch Schmelzen mit Fluorwasserstoff-Fluorkalium als auch durch Schmelzen mit einem Gemisch von Natriumcarbonat und Kaliumnitrat zersetzen.

Unlösliche Chlor- (Brom-, Jod-) Metalle werden durch Zink auf Zusatz verdünnter Schwefelsäure, unter Abscheidung des Metalls, leicht zersetzt.

Zur Aufschliessung unlöslicher Schwefelmetalle schmilzt man dieselben mit einem Gemisch von gleichen Theilen Natriumcarbonat und Schwefel. Wendet man dieses Verfahren, z. B. zur Zersetzung von Molybdänglanz an, so geht durch Extrahiren der Schmelze mit Wasser das Molybdän als Schwefelmolybdän-Schwefelnatrium in Auflösung.

Unlösliche Oxyde und Säuren lassen sich meist durch Schmelzen mit Kaliumhydrosulfat in Lösung bringen, so z. B. Eisenoxyd und Thonerde, Titan-, Tantal- und Niobsäure. Unlösliches Eisenoxyd lässt sich auch leicht in lösliches Oxyd überführen, wenn man dasselbe längere Zeit mit verdünnter Natron- oder Kalilauge erwärmt; es geht hierbei in Hydroxyd über, welches nach dem Abgiessen der Kalilauge in concentrirter Chlorwasserstoffsäure löslich ist [1]).

---

[1]) Classen. Zeitschrift für analyt. Chem. 17. 182.

Kohle wird durch andauerndes Glühen bei Luftzutritt vollständig in Kohlenoxyd resp. Kohlensäure übergeführt. Mengt man Kohle mit Kupferoxyd und glüht das Gemenge, so entsteht Kohlensäure, welche mit Hülfe von Kalkwasser nachgewiesen werden kann. (Siehe Nachweisung der Kohlensäure.)

Untersuchung der Lösungen.

Prüfung auf Basen.

Wie schon oben erwähnt wurde, können die Oxyde (und einige Säuren) durch das abweichende Verhalten, welches sie gegen Schwefelwasserstoff, Schwefelammonium, Ammoniumcarbonat und Phosphorsalz (oder Natriumphosphat) zeigen, in fünf verschiedene Gruppen gebracht werden.

Die durch Schwefelwasserstoff fällbaren Körper lassen sich ihrerseits wieder in zwei Gruppen spalten, indem ein Theil der Schwefelmetalle in Schwefelammonium löslich, ein anderer Theil darin unlöslich ist.

Gruppe I.

Durch *Schwefelwasserstoff* aus saurer Lösung werden (als Schwefelmetalle) gefällt:

Blei schwarz,
Silber schwarz,
Quecksilber schwarz,
Wismuth schwarzbraun,
Kupfer schwarz,
Cadmium gelb,
Palladium schwarz,
Rhodium schwarz,
Ruthenium schwarz,
Osmium schwarz,
Platin [1]) schwarzbraun,

unlöslich

in

Schwefelammonium.

---

[1]) Schwefelplatin geht nur dann in Schwefelammonium über, wenn gleichzeitig Arsen, Antimon, Zinn oder Gold vorhanden sind und zwar ist

Antimon orange,
Arsen gelb,
Zinnoxydul braun (als Zinnsulfür),
Zinnoxyd gelb (als Zinnsulfid),
Molybdän schwarzbraun,
Wolfram [1]) braun,
Vanadin braun,
Gold schwarzbraun,
Platin schwarzbraun,
Iridium schwarzbraun,
Selen rothgelb,
Tellur schwarz.

löslich

in

Schwefel-

ammonium.

Gruppe II.

Durch *Schwefelammonium* werden aus neutraler oder ammoniakalischer Lösung gefällt:

a) als Schwefelmetalle:

Zink weiss,
Eisen schwarz,
Mangan fleischroth oder grün (S. 44),
Kobalt schwarz,
Nickel schwarz,
Uran (als U_2O_2S) schwarzbraun,
Thallium schwarz,
Indium gelblich;

---

dasselbe um so mehr löslich, je grösser die Mengen der letzteren Metalle sind. Sind diese Metalle nicht, sondern nur solche vorhanden, deren Schwefelverbindungen unlöslich in Schwefelammonium sind, so geht bei Anwendung von Einfach-Schwefelammonium kein Schwefelplatin, bei Anwendung von Polysulfid gehen nur geringe Quantitäten in Auflösung. In allen Fällen hat man also, wenn Platin vermuthet wird, dasselbe noch in dem, in Salpetersäure unlöslichen Rückstand (neben Quecksilber) aufzusuchen.

[1]) Wolfram und Vanadin werden nicht direct durch Schwefelwasserstoff gefällt: es entstehen nur dann Niederschläge von Schwefelmetallen, wenn zu der mit Schwefelammonium versetzten Auflösung eine Säure bis zur sauren Reaction zugefügt wird.

b) als Oxydhydrate:

Aluminium,
Beryllium, } weiss,

Chrom   grün,

Thorium,
Erbium,
Yttrium,
Cer,
Lanthan,
Didym, } weiss.
Zirkon,
Titan,
Tantal,
Niob.

Ausser diesen Körpern werden bei Gegenwart von Oxal- oder Phosphorsäure auch die Verbindungen dieser Säuren mit Baryum, Strontium, Calcium und Magnesium gefällt.

Die Verbindungen der Borsäure, Arsensäure und Weinsäure mit den alkalischen Erden werden durch Schwefelammonium nur theilweise gefällt.

Gruppe III.

Durch *Ammoniumcarbonat* werden gefällt:

Baryum,
Strontium, } weiss, als Carbonate.
Calcium,

Gruppe IV.

Durch *Phosphorsalz* (oder Natriumphosphat)[1]) wird gefällt:

Magnesium, als weisses Ammoniummagnesiumphosphat.

---

[1]) An Stelle des Natriumphosphats wendet man zweckmässiger Phosphorsalz an, welches den Niederschlag von Ammonium-Magnesiumphosphat rascher hervorruft, als das erstere.

Gruppe V.

Durch keines dieser Reagentien sind fällbar:
Kalium,
Natrium,
Lithium,
Cäsium,
Rubidium,
Ammoniak.

Bei den nachfolgenden Untersuchungs-Methoden der Niederschläge, welche durch die Gruppen-Reagentien entstanden
sind, wird angenommen, dass sämmtliche Körper in Lösung
sich befinden können. Es ist daher selbstverständlich, dass,
wenn z. B. auf Zusatz von Schwefelwasserstoff zu der zu
prüfenden Flüssigkeit keine Fällung entsteht, dieselbe Flüssigkeit zur weiteren Prüfung mit Schwefelammonium etc. benutzt
werden kann.

Fügt man ein Reagens zur Fällung eines Körpers hinzu,
so muss man sich, nachdem die über dem Niederschlage befindliche Flüssigkeit hinreichend klar geworden ist, immer
überzeugen, dass auf ferneren Zusatz desselben Reagens'
keine Fällung mehr entsteht.

Gruppe I.

Niederschlag durch Schwefelwasserstoff.

Man säuert die Flüssigkeit, sofern dieselbe keine freie
Säure enthält, mit Chlorwasserstoffsäure an [1]) und fügt Schwefelwasserstoff hinzu, bis die Flüssigkeit nach dem Um-

---

[1]) Bei Gegenwart von Bleioxyd, Silberoxyd, Quecksilberoxydul entsteht schon auf Zusatz von Chlorwasserstoffsäure ein weisser Niederschlag
der betreffenden Chlorverbindungen, welcher auf Zusatz von Schwefelwasserstoff geschwärzt wird. — Beim Ansäuern von Lösungen, die Borsäure, Kieselsäure, Antimonsäure, Molybdänsäure, Wolframsäure, Thallium-
oxydul, Hyposulfite und Schwefelalkalien enthalten, kann ebenfalls ein
weisser Niederschlag entstehen.

schütteln deutlich darnach riecht[1]). Der Niederschlag wird abfiltrirt, mit Schwefelwasserstoffwasser ausgewaschen und das Filtrat zur Untersuchung der zur Gruppe II, III etc. gehörenden Körper reservirt. Den Niederschlag übergiesst man auf dem Filter[2]) mit etwas erwärmtem Schwefelammonium[3]) und wäscht denselben alsdann, bis zur Entfernung des überschüssigen Schwefelammoniums, mit Schwefelwasserstoffwasser aus.

Die *Schwefelammonium - Lösung* kann Schwefelarsen, Schwefelantimon, Schwefelzinn, Schwefelgold, Schwefelplatin[4]), der im Schwefelammonium unlösliche Rückstand die Sulfide von Blei, Silber, Quecksilber, Wismuth, Kupfer, Cadmium, Platin, Osmium, Rhodium und Ruthenium[5]) enthalten.

Untersuchung der Schwefelammoniumlösung.

Man versetzt dieselbe mit verdünnter Schwefelsäure bis zur sauren Reaction und erwärmt so lange, bis kein Schwefel-

---

[1]) Hat die Vorprobe Arsen ergeben, so müsste, falls dasselbe als Arsensäure in Lösung sich befindet, letztere auf Zusatz von Schwefelwasserstoff erwärmt werden (siehe S. 33). Es ist jedoch vorzuziehen, die Reduction der Arsensäure zu arsenige Säure anstatt durch Schwefelwasserstoff, durch Erwärmen der Flüssigkeit mit schwefeliger Säure oder Natriumhydrosulfit zu bewirken (S. 33). — Erfolgt auf Zusatz von Schwefelwasserstoff Ausscheidung von Schwefel, welcher die Flüssigkeit milchig trübt, so deutet dies auf Anwesenheit von Eisenoxyd, Manganoxyd, Uebermangansäure oder Chromsäure.

[2]) Besser ist es das Filter durchzustossen, den Niederschlag mit Schwefelammonium in einen Reagircylinder zu spritzen und zu erwärmen.

[3]) Zur Nachweisung kleiner Mengen von Kupfer ersetzt man das Schwefelammonium durch Schwefelkalium, da das Schwefelkupfer in ersterem Reagens etwas löslich ist.

[4]) Bezüglich des Schwefelplatins siehe Anmerkung S. 76. — Ausser diesen Körpern kann noch Molybdän, Wolfram, Vanadin, Iridium, Tellur in die Schwefelammoniumlösung übergehen, deren Auffindung S. 96 (Qualitative Trennung der selten vorkommenden Körper) angegeben ist.

[5]) Die Auffindung von Platin und der Platinmetalle ist ebenfalls S. 96 angegeben.

wasserstoffgas mehr entweicht. Hierdurch werden die in Lösung befindlichen Schwefelmetalle als solche wieder ausgefällt [1]).

Ist die Fällung rein weiss (milchig), so rührt dieselbe nur von ausgeschiedenem Schwefel her, und in diesem Falle waren keine der oben erwähnten Metalle in Auflösung [2]). Ist die Fällung gelb, orange oder dunkel, so filtrirt man den Niederschlag ab, wäscht aus und erwärmt schwach mit einer concentrirten Lösung von Ammoniumcarbonat.

In Auflösung geht Schwefelarsen, im Rückstande bleibt Schwefelantimon, Schwefelzinn etc.

Zur Nachweisung des Arsens wird die Auflösung in Ammoniumcarbonat mit verdünnter Chlorwasserstoffsäure bis zur sauren Reaction, dann mit etwas Schwefelwasserstoffwasser versetzt und erwärmt. Der Niederschlag von Schwefelarsen wird filtrirt, in starker Chlorwasserstoffsäure auf Zusatz von einigen Körnchen Kaliumchlorat gelöst, mit Ammoniak alkalisch gemacht und die Arsensäure in der nöthigenfalls filtrirten Flüssigkeit durch Chlormagnesiumlösung oder Magnesiumsulfat nachgewiesen (S. 33). Man kann auch das Schwefelarsen in einigen Tropfen Ammoniak lösen, die Flüssigkeit auf Zusatz von Cyankalium und Natriumcarbonat zur Trockne verdampfen, und den Rückstand in einer, an dem einen Ende zugeschmolzenen, Glasröhre erhitzen. Bei Gegenwart von Arsen setzt sich an den kälteren Theilen der Röhre das Arsen als dunkler Spiegel ab (siehe S. 33).

Zur Nachweisung von Spuren von Arsen bedient man sich am vortheilhaftesten der S. 34 angegebenen Methode; bei Anwendung dieses Verfahrens ist es indess nothwendig, eine schwefelsaure Auflösung anzuwenden, welche man durch Eindampfen der Lösung von Schwefelarsen in Chlorwasserstoffsäure und Kaliumchlorat auf Zusatz von verdünnter Schwefelsäure erhält.

Nachweisung von Arsen.

---

[1]) Ist der Niederschlag dunkel gefärbt, so kann dies, bei Anwendung von Schwefelammonium, von Schwefelkupfer herrühren; die dunkle Färbung kann indess auch auf Platin, Gold, Molybdän etc. deuten.

[2]) Es ist selbstverständlich, dass, wenn es sich um Nachweisung von Spuren dieser Verbindungen handelt, die weisse Fällung nicht mehr entscheidend ist und der Niederschlag weiter untersucht werden muss.

Antimon   Den in Ammoniumcarbonat unlöslichen Rückstand prüft man entweder vor dem Löthrohr auf der Kohle (siehe Vorprüfungen S. 61), oder man löst denselben in Chlorwasserstoffsäure auf Zusatz von etwas Kaliumchlorat, dampft diese Lösung ab und bringt einen Theil des in verdünnter Schwefelsäure gelösten Rückstandes in den S. 34 beschriebenen Apparat. Es entsteht Antimonwasserstoffgas, welches, angezündet; Flecken auf Porzellan erzeugt (siehe S. 36), während bei Gegenwart von Zinn dieses sich auf das Zink niederschlägt. Zur speciellen Erkennung des Antimons kann man das Verhalten der Flecken gegen Natriumhypochlorit (siehe S. 36) benutzen.

Zinn.   Zur Erkennung des Zinns erwärmt man, zur Ueberführung des Zinnchlorids in Chlorür, den Rest der Lösung mit metallischem Eisen (Eisenpulver oder Draht), bis die Flüssigkeit grün erscheint. Die filtrirte Flüssigkeit wird gegen Quecksilberchlorid geprüft (weisse Fällung von Quecksilberchlorür oder graue von metallischem Quecksilber).

Zweites Verfahren zur Trennung von Arsen, Antimon und Zinn.

Die aus der Lösung in Schwefelammonium durch eine verdünnte Säure gefällten Sulfide werden nach dem Abfiltriren und Auswaschen mit concentrirter Chlorwasserstoffsäure

Antimon. erwärmt. In Auflösung gehen: Schwefelantimon und Schwefelzinn, im Rückstande bleibt: Schwefelarsen. Zur Nachweisung des Antimons neben Zinn fügt man zu einem kleinen Theil der Lösung auf Platinblech ein Stückchen Zink. Es werden hierdurch beide Metalle reducirt, und das entstehende metallische Antimon erzeugt auf dem Platinblech einen schwarzen Fleck. Zur Nachweisung des

Zinn. Zinns reducirt man den ganzen Rest der Lösung in der Probirröhre mit Zink, wodurch also wieder beide Metalle·ausgeschieden werden, filtrirt ab, wäscht aus und löst unter Erwärmen in Chlorwasserstoffsäure. Diese Lösung wird, wie oben angegeben, mit Quecksilberchlorid auf Zinn geprüft.

Die geringsten Mengen von Antimon oder Zinn lassen

sich nach der von Bunsen angegebenen Methode nachweisen. (Siehe Flammenreactionen S. 66 und 67.)

Um in dem oben erhaltenen, in Chlorwasserstoffsäure *Arsen.* unlöslichen Rückstande das Arsen nachzuweisen, kann man die beim ersten Verfahren angegebenen Methoden befolgen.

Um zu entscheiden, ob das Arsen in der ursprünglichen *Arsensäure oder arsenige Säure?* Lösung als arsenige Säure oder als Arsensäure vorhanden ist, kann man vorerst das Verhalten beider gegen Schwefelwasserstoff benutzen. Arsenige Säure wird hierdurch sofort als gelbes Sulfür gefällt, Arsensäure erst nach vorheriger Reduction zu arseniger Säure. Bei Gegenwart von Chlorammonium und Ammoniak fällt Chlormagnesium (Magnesiumsulfat) in Arsensäurelösungen weisses Magnesium-Ammoniumarsenat, während die arsenige Säure nicht gefällt wird. (Sind beide Säuren vorhanden, so kann man im Filtrate dieses Niederschlages die arsenige Säure durch Schwefelwasserstoff nachweisen.)

Zur Entscheidung, ob in der ursprünglichen Verbindung *Zinnoxydul oder Zinnoxyd?* das Zinn als Oxydul oder als Oxyd enthalten ist, kann man die Lösung gegen Quecksilberchlorid prüfen. Zinnchlorür erzeugt eine weisse oder graue Fällung, während Zinnchlorid nicht einwirkt.

Ferner wird bei Gegenwart von Zinnoxyd durch Schwefelwasserstoff gelbes Zinnsulfid gefällt, welches in Ammoniak löslich ist, während Zinnoxydul als braunes Zinnsulfür gefällt wird, in Ammoniak unlöslich.

Zur Untersuchung der Schwefelammoniumlösung auf Gold *Gold und Platin* und Platin löst man die durch verdünnte Schwefelsäure aus ersterer gefällten Schwefelmetalle in Königswasser, dampft ab, löst in Wasser auf Zusatz einiger Tropfen Chlorwasserstoffsäure und fällt das Platin durch Chlorammonium als Ammonium-Platinchlorid.

Zur Abscheidung von Gold erwärmt man das Filtrat mit Oxalsäure oder Eisenoxydulsulfat.

Untersuchung des in Schwefelammonium unlöslichen Rückstandes.

Queck-
silber.

Man erwärmt den Niederschlag mit Salpetersäure. Bleibt hierbei ein dunkelgefärbter Rückstand [1]), so ist dieser auf Quecksilber zu prüfen. Man löst denselben in Königswasser, filtrirt den Schwefel ab, fügt zu der Lösung Natronlauge, bis eben ein Niederschlag entsteht, löst diesen in möglichst wenig Chlorwasserstoffsäure und fügt tropfenweise Jodkalium hinzu. Bei Gegenwart von Quecksilber entsteht rothes Quecksilberjodid, im Ueberschuss von Jodkalium löslich (S. 27). Anstatt dieses Verfahrens kann man auch die Lösung in Königswasser, nach vorherigem Verdampfen des letzteren, gegen Zinnchlorür prüfen. (Weisser oder grauer Niederschlag [2]).

Die kleinsten Mengen von Quecksilber lassen sich durch den Reductionsbeschlag nachweisen. (Siehe Flammenreactionen: Beschläge auf Porzellan.)

Blei.

Die salpetersaure Auflösung des in Schwefelammonium unlöslichen Rückstandes wird mit Ammoniak alkalisch gemacht und, gleichgültig ob hierdurch eine Fällung entsteht, verdünnte Schwefelsäure im Ueberschusse hinzugefügt, wodurch das

---

[1]) Wenn man nicht genügend mit Salpetersäure behandelt, so kann ein dunkler Rückstand bleiben, welcher von Schwefelmetallen herrührt, die von ausgeschiedenem Schwefel eingeschlossen sind. Ist der Rückstand gelb oder grau, so besteht derselbe aus Schwefel; ein weisser, pulveriger Rückstand lässt auf Bleisulfat schliessen. Erwärmt man dieses mit Ammoniumtartrat oder Ammoniumacetat, so geht dasselbe in Lösung. Unter Umständen kann der in Salpetersäure unlösliche Rückstand auch Schwefelplatin enthalten (Siehe Anmerkung S. 76). Wird Platin vermuthet, so röstet man einen Theil der rückständigen Schwefelmetalle, wodurch metallisches Platin entsteht, löst dieses in Königswasser und verfährt, wie oben angegeben.

[2]) Ob das Quecksilber in der ursprünglichen Lösung als Oxydul oder Oxyd vorhanden ist, kann man durch das Verhalten derselben gegen Chlorwasserstoffsäure constatiren. Bei Gegenwart des Oxyduls entsteht weisses Chlorür. In Oxydlösungen erzeugt Zinnchlorür weisse oder graue Fällung. Um Quecksilberoxydul neben Oxyd nachzuweisen, fällt man mit Chlorwasserstoffsäure. Das Filtrat wird zur Nachweisung des Oxyds mit Zinnchlorür versetzt.

vorhandene Blei als weisses Bleisulfat gefällt wird. Dieses wird abfiltrirt und das Filtrat mit Chlorwasserstoffsäure ver- setzt, welche bei Gegenwart von Silber weisses, flockiges   Silber. Chlorsilber erzeugt. Die vom Chlorsilber abfiltrirte Flüssig- keit gibt nach dem Uebersättigen mit Ammoniak bei Gegen- wart von Wismuth einen weissen Niederschlag von Wis-   Wismuth. muthoxydhydrat. Um diesen Niederschlag näher zu prüfen, filtrirt man denselben ab, äschert das Filter ein, mengt mit etwas Jodkalium und Schwefel und erhitzt schwach vor dem Löthrohr auf der Kohle. Bestand der Niederschlag aus Wismuth- oxyd, so erhält man einen flüchtigen scharlachrothen Beschlag von Wismuthjodid.

Bei Gegenwart von Kupfer ist die vom Wismuthoxyd-   Kupfer. niederschlag abfiltrirte Flüssigkeit blau gefärbt [1]). Um darin noch Cadmium nachzuweisen, fügt man Cyankalium bis zur   Cadmium. Entfärbung hinzu und prüft mit Schwefelwasserstoff. Es wird hierbei nur Cadmium als gelbes Schwefelcadmium ausgeschieden. Man kann auch beide Metalle durch Schwefelwasserstoff fällen, den Niederschlag abfiltriren, auswaschen und mit ver- dünnter Schwefelsäure (1 Thl. Schwefelsäure mit 5 Thln. Wasser) erwärmen. In Auflösung geht Cadmium, welches wieder mit Schwefelwasserstoff nachgewiesen werden kann.

Gruppe II.

Niederschlag durch Schwefelammonium.

Die vom Schwefelwasserstoff-Niederschlage ursprünglich abfiltrirte Flüssigkeit versetzt man mit Chlorammonium, dann mit Ammoniak bis zur alkalischen Reaction und fügt (gleich- gültig, ob schon auf Zusatz von Ammoniak eine Fällung ent- steht oder nicht) *Schwefelammonium* hinzu, so lange noch ein Niederschlag entsteht, und erwärmt.

Der Niederschlag kann enthalten: Schwefelzink, Schwe- feleisen, Schwefelmangan, Schwefelkobalt, Schwefel- nickel, Schwefeluran, Chromoxyd, Thonerde, Baryum-,

---

[1]) Zur näheren Prüfung auf Kupfer kann man einen Theil der Flüs- sigkeit, nach dem Ansäuern mit Chlorwasserstoffsäure, mit Ferrocyan- kalium versetzen, welches rothes Ferrocyankupfer erzeugt.

Strontium-, Calciumphosphat oder -oxalat, Fluorcalcium und Magnesium-Ammoniumphosphat [1]).

Man bringt den ausgewaschenen Niederschlag in einen

Kobalt und Nickel. Reagircylinder, übergiesst denselben mit einem kalten Gemisch von 1 Thl. Chlorwasserstoffsäure und 3 Thln. Schwefelwasserstoffwasser und schüttelt wiederholt um. Bleibt hierbei ein schwarzer Rückstand, so kann Nickel und Kobalt vorhanden sein [2]).

Derselbe wird in Königswasser gelöst, die Lösung abgedampft, der Rückstand in wenig Wasser gelöst, die Lösung mit Natronlauge alkalisch gemacht und der hierdurch entstandene Niederschlag in Essigsäure gelöst. Zu dieser Flüssigkeit fügt man eine gesättigte Lösung von Kaliumnitrit. Entsteht ein gelber Niederschlag, so ist Kobalt vorhanden (S. 45) [3]). Der Niederschlag wird filtrirt und das Filtrat zur Fällung des Nickels mit Natronlauge versetzt, wodurch grünes Nickeloxydulhydrat entsteht, welches vor dem Löthrohr näher zu prüfen ist.

Man kann auch die Lösung beider Metalle (nach dem Verdampfen der überschüssigen Säure) mit Natriumcarbonat neutralisiren, Cyankalium hinzufügen, bis der entstehende Niederschlag gelöst wird und auf Zusatz von Bromwasser oder frisch bereitetem Natriumhypochlorit längere Zeit erwärmen. Das Nickel wird als wasserhaltiges Nickeloxyd gefällt (S. 47), während Kobalt (als Kaliumkobaltcyanid) in Lösung bleibt.

---

[1]) Die Verbindungen von Baryum, Strontium und Calcium mit Borsäure, Arsensäure und Weinsäure werden nur theilweise oder garnicht gefällt, weshalb dieselben hier nicht berücksichtigt werden. Ist Arsensäure vorhanden, so wird diese schon bei der Prüfung des Schwefelwasserstoff-Niederschlages constatirt, resp. ausgeschieden.

[2]) Bei Gegenwart von Nickel verräth sich dasselbe, besonders bei Anwendung von Ammoniak im Ueberschuss und gelbem Schwefelammonium, leicht dadurch, dass das Filtrat von aufgelöstem Schwefelnickel braun gefärbt ist. Man säuert dann mit Essigsäure an und fügt das ausgeschiedene Schwefelnickel dem durch Schwefelammonium erhaltenen Niederschlage hinzu.

[3]) Zur vollständigen Ausscheidung des Kaliumkobaltnitrits muss die Flüssigkeit mindestens 12 Stunden stehen.

Zur Nachweisung des Kobalts versetzt man das Filtrat mit Salpetersäure, so dass die Flüssigkeit noch schwach alkalisch reagirt und fügt Quecksilberoxydulnitrat hinzu. Das entstandene Kobaltquecksilbercyanid hinterlässt nach dem Glühen Kobaltoxyd, welches mit der Phosphorsalzperle näher geprüft werden kann (S. 70).

Die chlorwasserstoffsaure Auflösung des Schwefelammonium-Niederschlages wird zur Verjagung und Zersetzung des Schwefelwasserstoffs, nach vorherigem Zusatz von Salpetersäure, gekocht, zu der erkalteten Flüssigkeit Bromwasser [1]) hinzugefügt, bis die Flüssigkeit stark braun gefärbt ist, dann mit Natriumcarbonat übersättigt, einige Minuten schwach erwärmt und alsdann filtrirt [2]).

Das Filtrat kann enthalten: Chrom (als Natriumchromat) und Uran (s. S. 48).

Der Rückstand kann enthalten: Zink, Eisen, Mangan, Thonerde, Erdphosphate und -oxalate, Fluorcalcium und Magnesium-Ammoniumphosphat.

Man säuert das Filtrat mit Chlorwasserstoffsäure an, *Chrom.* concentrirt durch Eindampfen, fügt Alkohol hinzu und kocht zur Reduction der Chromsäure zu Chromoxyd. Diese Flüssigkeit versetzt man mit Natriumcarbonat im Ueberschuss. Entsteht ein grüner oder graublauer Niederschlag, so ist Chrom vorhanden [3]). Man filtrirt den Niederschlag ab, säuert das *Uran.*

---

[1]) Die Oxydation mit Bromwasser bezweckt nur die Ueberführung des Chromoxyds in Chromsäure, behufs Trennung der übrigen Oxyde, kann also, wenn Chrom in der zu untersuchenden Substanz nicht zugegen sein kann, unterbleiben.

[2]) Erhitzt man stärker und längere Zeit, so kann, bei Gegenwart von Oxalaten, leicht Oxalsäure (als Natriumoxalat) in die alkalische Lösung übergehen und andererseits das in Natriumcarbonat gelöste Uran wieder gefällt werden (siehe S. 48). — Bei Gegenwart von Mangan wird ein Theil desselben durch Brom in Uebermangansäure übergeführt, in Folge dessen das Filtrat roth gefärbt erscheint. Es wird dann bei der nachherigen Prüfung auf Chrom etwas Manganoxydhydrat abgeschieden.

[3]) Ist die Farbe des Niederschlages nicht grün oder graublau (so z. B. bei Verunreinigung desselben mit Manganoxydhydrat), so schmilzt man

Filtrat mit Chlorwasserstoffsäure an und fügt Ferrocyankalium hinzu. Ein braunrother Niederschlag beweist die Anwesenheit von Uran.

Phosphor-säure. Den Rückstand löst man in Chlorwasserstoffsäure und prüft einen kleinen Theil der Lösung mit Ammoniummolybdat auf P h o s p h o r s ä u r e (hochgelber Niederschlag; siehe S. 12).

Oxalsäure. Einen andern Theil der Lösung prüft man auf O x a l - säure. Zu diesem Zwecke fügt man Natriumcarbonat im Ueberschuss hinzu und kocht längere Zeit. Die Flüssigkeit wird filtrirt und, nach dem Ansäuern mit Essigsäure, auf Oxalsäure mit Chlorcalcium geprüft, welches weisses Calcium-oxalat fällt (S. 9).

Fluor. Zur Prüfung auf Fluor verwendet man die ursprüngliche feste Substanz und weist dasselbe entweder mit concentrirter Schwefelsäure oder mit concentrirter Schwefelsäure und Kiesel-säure nach (S. 21).

Bei Ab-wesenheit von Phos-phorsäure, Oxalsäure und Fluor. *Ist weder Phosphorsäure noch Oxalsäure oder Fluor vor-handen*, so versetzt man den Rest der chlorwasserstoffsauren Lösung, nach Hinzufügen von Chlorammonium, mit Ammoniak und erwärmt. Entsteht hierbei ein rein weisser Niederschlag, so kann nur Thonerde, ist der Niederschlag roth gefärbt,

Eisenoxyd. neben dieser auch Eisenoxyd vorhanden sein. Zur Nach-weisung beider Oxyde löst man den Niederschlag in Chlor-wasserstoffsäure, prüft einen Theil der Lösung mit Ferro-cyankalium oder Rhodankalium auf Eisenoxyd (siehe S. 42), während man zu dem andern Theile der Lösung reine Natron-lauge im Ueberschuss hinzufügt, kocht, das entstandene Eisen-

Thonerde. oxyd abfiltrirt und die etwa vorhandene Thonerde durch Kochen des Filtrats mit Chlorammonium niederschlägt (S. 50).

Zink. Die vom Eisenoxyd - Thonerde - Niederschlag abfiltrirte Flüssigkeit wird zur Nachweisung von Zink und Mangan mit Essigsäure angesäuert und mit Schwefelwasserstoff versetzt. Entsteht hierbei nach einigem Stehen ein weisser Niederschlag, so rührt dieser von Schwefelzink her (S. 41). Dieses wird

zur näheren Charakterisirung den Niederschlag mit Soda und Salpeter (gelbe Schmelze von Kaliumchromat; siehe S. 49).

abfiltrirt, das Filtrat, zur Nachweisung des Mangans, mit **Mangan.**
Ammoniak alkalisch gemacht und einige Tropfen Schwefelammonium hinzugefügt. Ein fleischfarbiger oder grüner Niederschlag (Schwefelmangan) beweist die Anwesenheit von Mangan
(S. 44)[1]).

Bei Gegenwart von Phosphorsäure oder Oxalsäure ver- **Bei An-**
fährt man folgendermaassen: **wesenheit**
                                                        von Phos-
Man prüft zuerst einen kleinen Theil der Lösung mit   **phorsäure,**
                                                        Oxalsäure
Rhodankalium auf Eisen (rothe Färbung S. 42). Zu dem   **oder Fluor.**
                                                        Eisenoxyd.
Rest der stark mit Wasser verdünnten Lösung fügt man
Eisenchlorid, bis dieselbe gelb gefärbt ist, neutralisirt die über-
schüssige Säure auf Zusatz von Natriumcarbonat, bis eben
eine bleibende Trübung entsteht. Man säuert dann die
Flüssigkeit stark mit Essigsäure an, fügt unter Umrühren
festes Natriumacetat (1—2 g werden, wenn nicht gar zu viel

---

[1]) Der Niederschlag ist event. durch Schmelzen mit Natriumcarbonat
und Kaliumnitrat auf dem Platinblech näher zu prüfen (grüne Schmelze
von Kaliummanganat).

Sind nur geringe Mengen von Mangan vorhanden, so bildet sich auf
Zusatz von Schwefelammonium der Niederschlag von Schwefelmangan erst
beim längeren Stehen der Flüssigkeit. Um sich rascher von der Anwesenheit von Spuren von Mangan zu vergewissern, dampft man die mit
Schwefelammonium versetzte Flüssigkeit auf Zusatz von Soda und Salpeter
ein und schmelzt den Rückstand (grüne Schmelze von Kaliummanganat).

Das Mangan kann in der zu untersuchenden Substanz als Oxydul,
Oxyd, Oxyduloxyd, Superoxyd, Mangansäure oder Uebermangansäure vorhanden sein. Durch das Verhalten der Lösung gegen Alkalien (siehe S. 44)
können die beiden ersten Oxydationsstufen von einander unterschieden
werden.

Ist die ursprüngliche Substanz in Wasser unlöslich, und entwickelt
dieselbe beim Erwärmen mit Salzsäure Chlorgas, so war Manganoxyd,
Manganoxyduloxyd oder Superoxyd vorhanden. (Qualitativ lassen sich
diese Oxyde nicht näher neben einander bestimmen).

Mangansäure wird in Verbindung mit Alkalien durch verdünnte
Säuren zerlegt, und es geht die grüne Farbe der Lösung in Roth über.

$$3H_2MnO_4 = H_2MnO_3 + 2HMnO_4 + H_2O.$$

Uebermangansäure kann durch ihr Verhalten gegen Reductionsmittel, z. B. schwefelige Säure, erkannt werden, welche die rothe Lösung
derselben sofort entfärben.

$$2KMnO_4 + 5H_2SO_3 = 2MnSO_4 + 2KHSO_4 + H_2SO_4 + 3H_2O.$$

Eisenchlorid zugefügt wurde, ausreichen) hinzu und erhitzt zum Kochen. Der Niederschlag enthält sämmtliche Phosphor-säure als Eisenoxydphosphat (neben dem basischen Eisen-acetat) und bei Gegenwart von Thonerde auch diese als basisches Thonerdeacetat. Zur Nachweisung der Thonerde verfährt man, wie oben angegeben.

Bei Gegenwart von oxalsauren Erden können dieselben ebenfalls in den Eisenoxydphosphat-Niederschlag übergehen. Hat die Vorprobe auf Oxalsäure (S. 88) ein positives Resultat ergeben, so prüft man den Eisenphosphatniederschlag durch längeres Kochen mit Natriumcarbonat auf Oxalsäure, löst den von Oxalsäure befreiten Niederschlag in Chlorwasserstoffsäure, fällt mit Ammoniak und prüft das Filtrat auf alkalische Erden nach S. 92.

Die vom Eisenoxyd - Thonerdeacetat - Niederschlage abfil-trirte, freie Essigsäure enthaltende Flüssigken, wird mit Schwefelwasserstoff versetzt. Der weisse Niederschlag von Schwefelzink wird filtrirt und das Filtrat zur Prüfung auf Mangan mit Ammoniak und Schwefelammonium versetzt. Der Niederschlag von Schwefelmangan kann durch Schmelzen mit Soda und Salpeter näher geprüft werden.

Die von dem Schwefelmangan abfiltrirte Flüssigkeit säuert man mit Chlorwasserstoffsäure an, kocht, bis der Geruch nach Schwefelwasserstoff verschwunden ist, filtrirt den Schwefel ab, macht das Filtrat mit Ammoniak alkalisch und fällt die alka-lischen Erden in der Siedhitze auf Zusatz von Ammonium-carbonat. Zur Prüfung dieses Niederschlages auf Baryum, Strontium und Calcium verfährt man, wie S. 92 ange-geben. Zur Prüfung auf Magnesia versetzt man die von den alkalischen Erden abfiltrirte Flüssigkeit mit Phosphorsalz oder Natriumphosphat (S. 93).

Zink.

Mangan.

Alkalische Erden.

Magnesia.

Zweite Methode bei Gegenwart von Phosphorsäure und Oxalsäure.

Man versetzt die salzsaure Auflösung des Rückstandes (siehe S. 88) mit verdünnter Schwefelsäure und Alkohol. Ent-steht der Niederschlag erst auf Zusatz von Alkohol, so kann nur Kalk vorhanden sein, entstand derselbe sofort, so ist auf alle Erden zu untersuchen. Man filtrirt die Sulfate ab, wäscht mit alkoholhaltigem Wasser aus und kocht dieselben längere Zeit mit einer concentrirten Auflösung von Natriumcarbonat. Der Rückstand enthält die Erden als Carbonate. Man filtrirt die Erdcarbonate ab, wäscht den Niederschlag aus und löst in verdünnter Essigsäure. Diese Lösung wird alsdann, wie S. 92 angegeben, untersucht.

Die von den schwefelsauren Erden abfiltrirte Flüssigkeit ist auf Eisen, Thonerde, Zink, Mangan und Magnesia zu untersuchen. Dieselbe enthält ebenfalls alle Phosphorsäure und Oxalsäure. Der Alkohol wird durch Kochen der Flüssigkeit verjagt und Ammoniak im Ueberschuss hinzugefügt. Der Niederschlag kann Eisenoxyd, Thonerde, Magnesia (an Phosphorsäure gebunden), das Filtrat, Mangan und Zink enthalten. Der Niederschlag wird mit Kalilauge (Natronlauge) gekocht und der Rückstand filtrirt. Die filtrirte Flüssigkeit enthält die Thonerde, welche durch Kochen mit Thonerde. Chlorammonium gefällt werden kann [1]).

Der in Kalilauge unlösliche Rückstand wird in Chlor- Eisenoxyd. wasserstoffsäure gelöst, Ammoniak hinzugefügt, das etwa gefällte Eisenoxyd abfiltrirt und im Filtrate die Magnesia Magnesia. durch Phosphorsalz (als weisses Ammonium-Magnesiumphosphat) gefällt.

Das Mangan oder Zink enthaltende Filtrat kann, wie oben angegeben, untersucht werden.

Gruppe III.

Niederschlag durch Ammoniumcarbonat.

Die vom Schwefelammonium-Niederschlage abfiltrirte Flüssigkeit versetzt man mit Chlorwasserstoffsäure bis zur sauren Reaction, entfernt den Schwefelwasserstoff durch Kochen, filtrirt, fügt Ammoniak bis zur alkalischen Reaction und

---

[1]) Das Filtrat enthält nunmehr auch die an Magnesium gebunden gewesene Phosphorsäure, als Kaliumphosphat.

Ammoniumcarbonat im Ueberschuss hinzu und erhitzt zum Sieden.

<small>Baryum,</small>   Der Niederschlag kann Baryum-, Strontium-, Cal-
<small>Strontium,</small>
<small>Calcium.</small> ciumcarbonat enthalten.

Derselbe wird abfiltrirt, ausgewaschen und in wenig ver-
<small>Baryum.</small> dünnter Essigsäure gelöst. Zu dieser Auflösung fügt man
tropfenweise Kaliumchromat hinzu. Entsteht ein gelber
Niederschlag (Baryumchromat), so ist die Gegenwart von Baryt
<small>Strontium.</small> erwiesen. Zur Prüfung auf Strontian versetzt man das
Filtrat, nach vorherigem Verdünnen mit Wasser, mit ver-
dünnter Schwefelsäure. Bei Gegenwart von Strontian entsteht
<small>Calcium.</small> ein weisser Niederschlag von Strontiumsulfat[1]). Der Kalk
lässt sich in der von Strontiumsulfat abfiltrirten Flüssigkeit,
nach vorherigem Neutralisiren mit Ammoniak, auf Zusatz von
Ammoniumoxalat nachweisen, welches weisses Calciumoxalat
ausscheidet, unlöslich in Essigsäure (S. 20).

Zweite Methode.

Zur Nachweisung von Baryum, Strontium und Calcium kann man auch folgendermaassen verfahren. Man löst
die durch Ammoniumcarbonat gefällten Carbonate in Chlorwasserstoffsäure, verdampft die Lösung zur Trockne und extrahirt den Rückstand mit absolutem Alkohol. Bei Gegenwart
<small>Baryum.</small> von Baryum bleibt Chlorbaryum ungelöst zurück, welches
nach dem Abfiltriren und Auswaschen mit absolutem Alkohol
noch näher geprüft werden kann (S. 17). Die alkoholische
Auflösung enthält Chlorstrontium und Chlorcalcium. Man verdampft dieselbe zur Trockne, übergiesst den Rückstand mit
concentrirter Salpetersäure (zur Ueberführung der Chloride
in Nitrate) und verdampft wiederum. Extrahirt man diesen
<small>Strontium.</small> Rückstand mit absolutem Alkohol, so bleibt Strontiumnitrat
ungelöst zurück, welches nach dem Abfiltriren und Auswaschen
mit absolutem Alkohol am Platindraht in der Flamme näher
<small>Calcium.</small> geprüft werden kann. Der Kalk lässt sich in der filtrirten

---

[1]) Zur Nachweisung geringer Mengen von Strontium muss man die
Flüssigkeit längere Zeit stehen lassen.

Flüssigkeit, nach dem Verjagen des Alkohols, mit Ammonium-oxalat nachweisen.

Gruppe IV.

Man versetzt einen Theil der von den Erdcarbonaten *Magnesium.* abfiltrirten Flüssigkeit mit Phosphorsalz (Natriumphosphat). Bei Gegenwart von Magnesia entsteht hierdurch (bei verdünnten Auflösungen erst nach einigem Stehen) ein weisser, krystallinischer Niederschlag von Ammonium-Magnesium-phosphat.

Gruppe V.

Bei Gegenwart von Magnesia muss dieselbe, um die Nachweisung der Alkalien zu ermöglichen, vorher abgeschieden werden[1]). Enthält die Lösung gleichzeitig Schwefelsäure[2]), so verdampft man den Rest der von den Erdcarbonaten (nicht mit Phosphorsalz versetzten) abfiltrirten Flüssigkeit zur Trockne und verjagt die vorhandenen Ammoniaksalze durch schwaches Glühen. Den Rückstand löst man in Wasser, fügt Barytwasser bis zur alkalischen Reaction

Nachweisung der Alkalien bei Gegenwart von Magnesia und Schwefelsäure.

---

[1]) Zur Abscheidung der Magnesia kann auch das folgende, von mir zur quantitativen Trennung der Magnesia von den Alkalien vorgeschlagene Verfahren (auch bei Gegenwart von Schwefelsäure anwendbar) benutzt werden. Man entfernt zunächst die vorhandenen Ammoniaksalze durch schwaches Glühen des durch Eindampfen erhaltenen Rückstandes, löst in verdünnter Chlorwasserstoffsäure und entfernt die freie Säure durch Eindampfen im Wasserbade bis zur Trockne. Die wässerige Lösung des Rückstandes verdünnt man auf etwa 25 cc, fügt ein gleiches Volumen Ammoniumoxalat hinzu, erhitzt zum Kochen und übersättigt mit concentrirter Essigsäure. Hierdurch wird sämmtliche Magnesia als krystallinisches Magnesiumoxalat gefällt (S. 22). Ist die Menge der Magnesia gering, so entsteht der Niederschlag erst nach einiger Zeit. In allen Fällen lässt man die Flüssigkeit mehrere Stunden in der Wärme stehen, giesst dann die klare Lösung durch ein Filter, dampft ein und prüft den Rückstand auf Alkalien.

[2]) Zur Prüfung auf Schwefelsäure versetzt man eine kleine Quantität der mit Chlorwasserstoffsäure angesäuerten Flüssigkeit mit Chlorbaryum, wodurch ein weisser Niederschlag entsteht.

hinzu und kocht. Der Niederschlag, welcher neben Magnesia noch Baryumsulfat enthält, wird abfiltrirt, das Filtrat zur Fällung des überschüssig zugefügten Baryts mit Ammoniak und Ammoniumcarbonat versetzt und zum Kochen erhitzt. Das Baryumcarbonat wird filtrirt, das Filtrat zur Trockne verdampft und der Rückstand zur Verjagung der Ammoniaksalze schwach geglüht. Dieser Rückstand enthält die Alkalien als Carbonate, welche man, durch Versetzen mit etwas Chlorwasserstoffsäure und Abdampfen in Chlorverbindungen überführt.

Enthält die von den Erdcarbonaten abfiltrirte Flüssigkeit keine Schwefelsäure, so kann man zur Abscheidung der Magnesia folgendes Verfahren anwenden: Man verdampft die von den Erdcarbonaten abfiltrirte Flüssigkeit zur Trockne und verjagt die Ammoniaksalze durch schwaches Glühen. Zu dem Rückstand fügt man etwa die vierfache Menge an Oxalsäure oder Ammoniumoxalat und glüht wieder. Hierdurch bildet sich Magnesiumoxalat, welches durch Glühen in Magnesiumcarbonat und alsdann in Magnesia übergeht, während die Alkalien als Carbonate vorhanden sind. Man löst letztere in Wasser, filtrirt die unlösliche Magnesia ab und verdampft das Filtrat auf Zusatz von etwas Chlorwasserstoffsäure zur Trockne. Der Rückstand enthält die Chloralkalien.

War überhaupt keine Magnesia vorhanden, so dampft man die von den Erdcarbonaten abfiltrirte Flüssigkeit zur Trockne, glüht schwach, löst den Rückstand auf Zusatz einiger Tropfen Chlorwasserstoffsäure in Wasser und erhält durch Abdampfen ebenfalls Chloralkalien.

Den auf die eine oder andere Art erhaltenen Rückstand prüft man zunächst am Platindraht vor dem Löthrohre oder in der nicht leuchtenden Gasflamme. Bei Gegenwart von Kali (Rubidium- oder Cäsiumoxyd) wird die Flamme violett, von Lithion carminroth, von Natron intensiv gelb gefärbt.

Enthält der Rückstand ein Gemenge von Alkalien, so wird in den meisten Fällen die Färbung, welche Kali und Lithion hervorbringen, durch die Flammenfärbung von Natron

verdeckt. Um in diesem Falle Kali neben Natron nachzuweisen, löst man die Chloralkalien in wenig Wasser, fällt
das Kalium auf Zusatz von Platinchlorid und Alkohol, filtrirt
den Niederschlag ab, verdampft das Filtrat und glüht den
Rückstand im Porzellantiegel. Bei Gegenwart von Natrium
hinterlässt die wässerige, filtrirte Lösung des Rückstandes beim
Verdunsten auf einem Uhrglase kleine Würfel von Chlornatrium. Ist neben Natrium nur Kalium vorhanden, so lässt
sich dieses direct mit Hülfe von Kobaltglas oder Indigolösung
(S. 15) oder auch spectralanalytisch nachweisen.

Um Lithion neben Natron oder Kali nachzuweisen, be- Lithion.
handelt man den Rückstand der Chloralkalien mit einem
Gemisch von Alkohol und Aether, wodurch nur Chlorlithium
in Auflösung geht, verdampft die Lösung und prüft den Rückstand entweder am Platindraht in der nicht leuchtenden Gasflamme (carminrothe Färbung) oder spectralanalytisch.

Um Cäsium- und Rubidiumoxyd neben Kali, Natron oder Lithion zu Cäsium und
erkennen, extrahirt man die Chlorverbindungen, unter Zusatz einiger Rubidium.
Tropfen Chlorwasserstoffsäure, mit starkem Alkohol, wobei der grösste
Theil des Chlorkaliums und Chlornatriums ungelöst zurückbleibt. Die
alkoholischen Auszüge werden zur Trockne verdampft, der Rückstand in
wenig Wasser gelöst und mit Platinchlorid gefällt. Der Niederschlag enthält Kalium-, Cäsium-, Rubidiumplatinchlorid. Die Trennung dieser Verbindungen beruht auf der Löslichkeit des Kaliumplatinchlorids in Wasser.
Man kocht den Niederschlag wiederholt mit kleinen Quantitäten Wasser
aus und prüft den Rückstand auf Cäsium und Rubidium im Spectralapparat.

Zur Prüfung auf Ammoniak übergiesst man die ur- Ammoniak.
sprüngliche Verbindung in einem Reagircylinder mit Natronlauge und erwärmt schwach. Das hierbei frei werdende
Ammoniak gibt sich sowohl durch den charakteristischen Geruch, als auch durch die weissen Nebel zu erkennen, welche
es beim Annähern eines mit verdünnter Chlorwasserstoffsäure
befeuchteten Glasstabes erzeugt [1]. (S. 16.)

---

[1] Zur Nachweisung geringer Spuren von Ammoniak (so z. B. zur
Nachweisung von Ammoniumverbindungen im Trinkwasser) bedient man
sich einer Auflösung von Kaliumquecksilberjodid (Nessler's Reagens).
Diese wird bereitet, indem man 2 g Jodkalium in 5 cc Wasser löst und

Qualitative Trennung der selten vorkommenden Körper.

Wie Seite 77 u. 81 angeführt, können durch Behandlung des Schwefelwasserstoffniederschlages mit Schwefelammonium ausser Antimon, Arsen, Zinn, Platin, Gold noch

> Molybdän,
> Iridium,
> Selen,
> Tellur,
> Wolfram, ⎫
> Vanadin, ⎬ (siehe Anmerkung S. 77)

in Auflösung gehen resp. durch Versetzen der Schwefelammoniumlösung mit verdünnter Schwefelsäure gefällt werden.

Zur Nachweisung des Iridiums löst man das Schwefeliridium in Königswasser, dampft ab und fällt dasselbe auf Zusatz von Alkohol als braunrothes Ammonium-Iridiumchlorid, welches nach dem Glühen metallisches Iridium hinterlässt. Ist neben Iridium noch Platin vorhanden, so wird dieses ebenfalls durch Chlorammonium als Ammonium-Platinchlorid gefällt. Man filtrirt die beiden Doppelsalze ab und glüht. Es resultirt metallisches Platin und Iridium. Werden die Metalle mit verdünntem Königswasser behandelt, so geht Platin in Auflösung, Iridium bleibt ungelöst zurück.

Zur Nachweisung des Molybdäns erhitzt man vorerst einen kleinen Theil der Schwefelverbindung vor dem Löthrohr auf der Kohle, wobei ein gelber, krystallinischer Beschlag entsteht, welcher beim Erkalten weiss erscheint. Den Rest des Schwefelmolybdäns kann man in Salpetersäure lösen und

---

unter Erwärmen soviel Quecksilberjodid hinzufügt, bis ein Theil desselben ungelöst zurückbleibt. Nach dem Erkalten verdünnt man mit 20 cc Wasser, filtrirt und fügt zu je 20 cc des Filtrats 30 cc concentrirte Kalilauge. Diese alkalische Lösung erzeugt in einer Ammoniak oder Ammoniumsalz enthaltenden Flüssigkeit einen rothbraunen Niederschlag von Jodtetramerkurammonium $(NHg_4J + 2H_2O)$ oder bei höchst geringen Mengen von Ammoniak eine gelbe Färbung.

diese Lösung auf Molybdän prüfen [1]). Schwefeltellur geht beim Behandeln mit Salpetersäure in tellurige Säure über, welche sich beim Kochen der Flüssigkeit krystallinisch ausscheidet. Durch Erhitzen in der Reductionsflamme des Löthrohrs auf Kohle erhält man metallisches Tellur, das sich, ähnlich dem Antimon, wieder oxydirt und die Kohle weiss (tellurige Säure) beschlägt. Tellur kann auch noch daran erkannt werden, dass die wässerige Auflösung einer Schmelze von telluriger Säure mit Cyankalium eine weinrothe Farbe von Tellurcyankalium besitzt.

Zur Erkennung des Selens lässt sich vorerst das Verhalten desselben vor dem Löthrohr auf der Kohle benutzen. Selenverbindungen entwickeln, in der Reductionsflamme erhitzt, den Geruch nach faulem Rettig. Behandelt man das Schwefelselen mit Salpetersäure, so entsteht eine Lösung von seleniger Säure. Wird die Salpetersäure durch Abdampfen entfernt und schwefelige Säure hinzugefügt, so fällt das Selen als hellrothes Pulver aus, welches durch Erwärmen der Flüssigkeit grau wird.

Die Trennung des Selens von Tellur beruht auf dem verschiedenen Verhalten derselben gegen Cyankalium. Durch Schmelzen beider Verbindungen mit Cyankalium erhält man nach dem Auslaugen mit Wasser eine Lösung von Tellur-Selencyankalium. Beim Durchleiten von Luft durch die Lösung wird das Tellur gefällt, und man kann im Filtrate das Selen durch längeres Kochen mit verdünnter Chlorwasserstoffsäure ausscheiden.

---

[1]) Man dampft die salpetersaure Lösung ab, löst den Rückstand in Chlorwasserstoffsäure, fügt Sulfocyankalium (Rhodankalium) und ein Stückchen Zink hinzu. Die Molybdänsäure wird reducirt, und es bilden sich Molybdän-Rhodanidverbindungen, welche die Flüssigkeit carminroth färben. Schüttelt man hierauf mit Aether, so gehen diese Verbindungen in letzteren über, und es entsteht eine orangeroth gefärbte Aetherschicht, welche an der Luft carminroth wird. Oder man erhitzt den Rückstand der salpetersauren Lösung mit einigen Tropfen concentrirter Schwefelsäure und fügt wenige Tropfen Alkohol hinzu. (Lasurblaue Färbung nach dem Erkalten; siehe S. 38.)

Zur Nachweisung des Wolframs [1]) führt man das Schwefelwolfram durch Erhitzen mit Salpetersäure in Wolframsäure über, welche durch Schmelzen mit Natriumcarbonat in Natriumwolframat übergeht. Wird die Lösung dieses Salzes in Wasser mit Zinnchlorür versetzt, so entsteht ein gelber Niederschlag, welcher auf Zusatz von Chlorwasserstoffsäure beim Erhitzen blau wird. Wenn nur wenig Material zur Verfügung steht, so prüft man die Wolframsäure gegen die Phosphorsalzperle (Oxydationsflamme klar, Reductionsflamme blau, auf Zusatz von Eisen blutroth).

Um Wolfram und Molybdän zu trennen, kann man die betreffenden Schwefelmetalle mit Salpetersäure erhitzen, wobei Wolframsäure zurückbleibt und Molybdänsäure in Auflösung geht.

Behufs Erkennung des Vanadins erhitzt man das Schwefelvanadin mit Salpetersäure und verdampft. Der Rückstand enthält Vanadinsäure. Phosphorsalz löst dieselbe in der Oxydationsflamme zu einem klaren Glase auf, welches, in der Reductionsflamme erhitzt, schön grün wird.

Löst man die Vanadinsäure in Ammoniak und fügt festes Chlorammonium hinzu, so scheidet sich Ammoniumvanadat aus. Dieses Verhalten des Vanadins lässt sich zur Trennung der Vanadinsäure von der Wolframsäure benutzen. Man filtrirt das Ammoniumvanadat ab und scheidet im Filtrate die Wolframsäure durch Eindampfen mit Chlorwasserstoffsäure aus.

Der in Schwefelammonium unlösliche Rückstand des Schwe-

---

[1]) Wie bereits mehrfach angedeutet, werden Wolfram und Vanadin nicht direct durch Schwefelwasserstoff gefällt, und es ist nur dann bei der Untersuchung der Schwefelammoniumlösung auf diese Körper Rücksicht zu nehmen, wenn man eine Substanz direct mit Schwefelammonium digerirt, oder, was häufig geschieht, dieselbe durch Schmelzen mit Natriumcarbonat und Schwefel aufgeschlossen hat. Ist dieses nicht geschehen, so findet man das Wolfram und Vanadin in der vom Schwefelammoniumniederschlage abfiltrirten Flüssigkeit (Seite 91), aus welcher diese Körper durch Zersetzung mit verdünnter Schwefelsäure abgeschieden werden können.

felwasserstoffniederschlages kann, ausser den in dem systematischen Gang berücksichtigten Körpern, noch die Schwefelverbindungen von

>Palladium,
>Rhodium,
>Ruthenium und
>Osmium

enthalten.

Zur Trennung dieser Körper werden die Schwefelverbindungen mit einem Gemenge von Kalihydrat und Kaliumchlorat geschmolzen und die Schmelze mit Wasser ausgelaugt. In Auflösung geht Kaliumosmat und Kaliumruthenat. Neutralisirt man diese genau mit Salpetersäure, so scheidet sich Ruthenoxyd als schwarzer Niederschlag aus. Das Filtrat wird mit überschüssiger Salpetersäure versetzt und destillirt, wobei Osmiumsäure übergeht.

Den in Wasser unlöslichen Rückstand der Schmelze glüht man im Wasserstoffstrom, wobei Rhodium und Palladium reducirt werden. Durch Erwärmen mit Königswasser geht Palladium in Auflösung.

Das durch Salpetersäure gefällte Ruthenoxyd wird zur weitern Prüfung in Chlorwasserstoffsäure gelöst, wodurch eine orangegelb gefärbte Lösung entsteht. Leitet man in diese Auflösung Schwefelwasserstoff, bis dieselbe schwarz gefärbt ist und filtrirt, so ist das Filtrat schön blau gefärbt. Versetzt man ferner die Auflösung des Ruthenoxyds mit Kaliumnitrit, so bildet sich ein lösliches Doppelsalz. Diese Flüssigkeit wird, nachdem sie mit Ammoniak bis zur alkalischen Reaction versetzt, auf Zusatz von Schwefelammonium carmoisinroth gefärbt. Fügt man einen Ueberschuss von Schwefelammonium hinzu, so entsteht der Niederschlag von Schwefelruthen.

Die Osmiumsäure charakterisirt sich besonders durch ihren (chlorähnlichen) Geruch, welchen sie beim Erhitzen mit Salpetersäure erzeugt. Durch Wasserstoffgas wird die Osmiumsäure zu metallischem Osmium reducirt, welches beim Erhitzen denselben Geruch verbreitet. Versetzt man die Lösung der Osmiumsäure mit Natriumsulfit, so wird die

Flüssigkeit zuerst blauviolett gefärbt; bei weiterer Einwirkung scheidet sich schwarzblaues Osmiumoxydulsulfit aus.

Das durch Reduction im Wasserstoffstrom erhaltene R h o d i u m lässt sich durch wiederholtes Schmelzen mit Kaliumhydrosulfat als Rhodiumsesquioxyd in Lösung bringen. Kocht man diese Lösung mit Chlorwasserstoffsäure, so bildet sich Rhodiumsesquichlorid, und die Flüssigkeit ist rosenroth gefärbt. Fügt man zu der Lösung Kalihydrat, so bleibt dieselbe zuerst unverändert, wird alsdann gelb, und zuletzt scheidet sich ein gelber Niederschlag aus, welcher durch Erhitzen mit einem Ueberschuss von Kali schwarz wird.

Palladium lässt sich in seiner Auflösung vorzugsweise durch sein Verhalten gegen Jodkalium, welches selbst aus verdünnten Lösungen schwarzes Palladiumjodür fällt, erkennen. Ammoniak erzeugt in der Auflösung von Palladiumchlorür fleischrothes Palladiumchlorür-Ammoniak. Fügt man einen Ueberschuss von Ammoniak hinzu, so löst sich der Niederschlag zunächst zu einer braunen Flüssigkeit auf, welche durch erneuten Zusatz von Ammoniak farblos wird.

Durch *Ammoniak* und *Schwefelammonium* werden, ausser den S. 85 berücksichtigten Körpern, noch

| Thallium, Indium, | als *Schwefelmetalle,* |
| Beryllium, Thorium, Erbium, Yttrium, Cer, Lanthan, Didym, Zirkon, Titan, Tantal, Niob, | als *Oxydhydrate,* |

gefällt.

Zur Trennung dieser Körper kann man folgendes Verfahren einschlagen.

Der Niederschlag wird getrocknet, bei Luftzutritt schwach geglüht, mit Kaliumhydrosulfat geschmolzen und die Schmelze wiederholt mit kaltem Wasser ausgelaugt. Der unlösliche Rückstand enthält N i o b - und T a n t a l s ä u r e, ferner, bei Gegenwart von Eisen oder Chrom, einen Theil dieser Körper als Oxyde.

Man schmilzt denselben mit Natronhydrat und Kaliumchlorat und laugt mit verdünnter Natronlauge aus. In Auflösung geht, bei Gegenwart von Chrom, Kaliumchromat. Die Natronlauge wird durch Auswaschen entfernt, und das Natriumniobat kann durch mehrfaches Extrahiren mit verdünnter Auflösung von Natriumcarbonat von dem Natriumtantalat getrennt werden, worin letzteres schwer löslich ist.

Der in Wasser lösliche Theil der Schmelze wird, wenn Eisenoxyd vorhanden, zur Reduction dieses mit Schwefelwasserstoff behandelt. Leitet man nun in die stark verdünnte Lösung Kohlensäure und kocht, so wird die T i t a n s ä u r e ausgeschieden. (Gegen die Phosphorsalzperle zu prüfen.)

Die von der Titansäure abfiltrirte Flüssigkeit wird auf Zusatz von Salpetersäure eingedampft und mit Ammoniak gefällt.

In Auflösung bleiben etwa vorhandenes Kobalt, Nickel, Mangan und Zink [1]); der Rückstand kann I n d i u m, Eisen, Chrom, Uran sowie die Erden enthalten. Derselbe wird in Chlorwasserstoffsäure gelöst und concentrirte Kalilauge zugefügt. In Lösung gehen Chrom, Thonerde, B e r y l l e r d e, während der Niederschlag Eisen, I n d i u m, Uran und die in Kali unlöslichen Erden enthält. Die alkalische Lösung wird zur Fällung des Chromoxyds und der B e r y l l e r d e gekocht und der entstandene Niederschlag mit Natriumcarbonat und Kaliumchlorat geschmolzen. Laugt man die Schmelze mit Wasser

---

[1]) Zur vollständigen Trennung ist es nothwendig, den Ammoniak niederschlag in Chlorwasserstoffsäure zu lösen und wieder mit Ammoniak zu fällen.

aus, säuert mit Salpetersäure an und fällt mit Ammoniak, so wird sämmtliche Beryllerde ausgeschieden.

Zur näheren Charakterisirung der Beryllerde löst man den erhaltenen Niederschlag in Chlorwasserstoffsäure, fügt Citronensäure (um die Ausscheidung von Thonerde mit dem Beryllerdesalz zu verhindern) und dann Ammoniumphosphat im Ueberschuss hinzu. Den entstandenen Niederschlag löst man wiederum in Chlorwasserstoffsäure, setzt nach und nach Ammoniak bis zur neutralen Reaction hinzu und erhitzt zum Kochen. Hierdurch geht der schleimige und voluminöse Niederschlag von Berylliumphosphat in Ammonium-Berylliumphosphat über, welches schön krystallinisch ist und sich rasch absetzt.

Der Niederschlag von Eisen, Indium und Uran wird in Chlorwasserstoffsäure gelöst und Baryumcarbonat hinzugefügt. Nach 6stündigem Stehen filtrirt man ab und untersucht den Niederschlag auf Indium mit dem Spectralapparat. Das Filtrat wird zur Entfernung des überschüssig zugefügten Baryumsalzes mit verdünnter Schwefelsäure versetzt, das Baryumsulfat abfiltrirt und die Flüssigkeit durch Abdampfen concentrirt. Man neutralisirt mit Kali, fügt festes Kaliumsulfat hinzu und lässt 12 Stunden stehen. Der etwa entstandene Niederschlag, welcher mit einer Lösung von Kaliumsulfat ausgewaschen wird, enthält Zirkon-Kaliumsulfat, ferner Thonerde, Cer, Lanthan, Didym. Man behandelt mit verdünnter Chlorwasserstoffsäure, wobei Thonerde, Cer, Lanthan, Didym in Auflösung gehen und Zirkonerde zurückbleibt. Erstere Verbindungen werden aus der Lösung in Chlorwasserstoffsäure durch Ammoniak gefällt[1]). Die vom Kaliumsulfat abfiltrirte

---

[1]) Zur Trennung der Ceroxyde neutralisirt man die Lösung mit Natriumcarbonat, fügt Natriumacetat und einen Ueberschuss von Natriumhypochlorit hinzu und kocht. Das Cer fällt als Cersuperoxyd; Lanthan und Didym bleiben in Lösung. Man fällt diese mit Ammoniumoxalat, führt die Oxalate durch Glühen in Oxyde über und behandelt mit verdünnter Salpetersäure. Die Lösung wird verdampft und der Rückstand bis zum Schmelzen erhitzt. Beim Auslaugen desselben mit Wasser geht Lanthan in Auflösung.

Flüssigkeit enthält Yttererde, Erbinerde und den Rest von Beryllerde. Man fällt mit Ammoniak und behandelt den erhaltenen Niederschlag mit Oxalsäure, worin sich die Beryllerde auflöst, während die Oxalate der Erbinerde und Yttererde zurückbleiben [1].

Auf Thallium und Indium prüft man den ursprünglich durch Schwefelammonium erhaltenen Niederschlag spectralanalytisch. Man kann auch denselben in Chlorwasserstoffsäure auflösen, das etwa noch vorhandene Eisenoxyd durch schwefelige Säure reduciren, und das Thallium, nach dem Neutralisiren mit Ammoniak, durch Jodkalium als (hellgelbes) Thalliumjodür fällen, welches spectralanalytisch zu prüfen ist.

---

[1] Die Oxalate werden geglüht, der Rückstand in Salpetersäure gelöst, eingedampft und so stark erhitzt, bis salpetrige Säure auftritt. Unter Kochen setzt man soviel Wasser hinzu, bis die Flüssigkeit klar erscheint und lässt erkalten, wobei sich Krystalle von zweifach basisch salpetersaurer Erbinerde ausscheiden. Man trennt die Mutterlauge durch Decantation und behandelt diese auf gleiche Art. Durch mehrfaches Umkrystallisiren der erhaltenen Erbinerdekrystalle kann man schliesslich reines Salz erhalten. (Bunsen.)

Untersuchung auf Säuren.

Wie die Oxyde lassen sich auch die Säuren durch ihr Verhalten gegen gewisse Gruppenreagentien, nämlich Chlorbaryum, Bleiacetat und Silbernitrat in vier Klassen bringen, ohne dass es indess möglich ist, die zu den einzelnen Gruppen gehörenden Säuren nach Art der Oxyde von einander zu trennen [1]). Die Untersuchung auf Säuren wird im Allgemeinen wesentlich erleichtert, wenn man vorher das Verhalten der trockenen Substanz gegen concentrirte Schwefelsäure prüft (siehe S. 71 und Tabelle V), wodurch das Vorhandensein vieler Verbindungen leicht constatirt werden kann.

Ist die Untersuchung auf Basen der auf Säuren vorausgegangen, so gibt erstere schon Anhaltspunkte, welche Säuren überhaupt vorhanden sein können, indem man nur auf solche Rücksicht zu nehmen hat, welche mit den gefundenen Oxyden Verbindungen eingehen, die in den angewandten Lösungsmitteln löslich sind.

In den meisten Fällen kann man die Lösung der ursprünglichen Substanz zur Untersuchung auf Säuren anwenden, obwohl unter Umständen die Anwesenheit gewisser Metalloxyde die Nachweisung der Säuren erschweren oder unmöglich machen kann. Man ist alsdann genöthigt, diese Körper durch Fällung der Lösung mit Schwefelwasserstoff, Schwefelammonium etc. vorher zu entfernen.

Ist die auf Säuren zu untersuchende Substanz in Wasser

---

[1]) Siehe meine Tabellen zur qualitativen Analyse (Verlag von Ferd. Enke, Stuttgart).

unlöslich, so schmilzt man das feine Pulver mit dem drei- bis vierfachen Gewichte von Kalium-Natriumcarbonat, kocht die Schmelze mit Wasser aus und untersucht das Filtrat nach vorherigem Neutralisiren mit Chlorwasserstoffsäure, Salpetersäure oder Essigsäure (siehe auch S. 74). Einzelne Verbindungen (so die Erdsulfate, Ferrocyanverbindungen, Oxalate) lassen sich durch blosses Kochen mit Natriumcarbonatlösung zersetzen. Letzteres Verfahren wird vorzugsweise zur Untersuchung auf nicht flüchtige, organische Säuren angewandt. Zur Zersetzung nicht löslicher, flüchtige organische Säuren enthaltender, Verbindungen lassen sich kaustische Alkalien anwenden. Bewirken diese gleichzeitig eine Fällung, so wird das Filtrat zur Prüfung auf Säuren benutzt.

Specielle Reactionen der einzelnen Säuren.

Schwefelsäure unterscheidet sich von allen [1] andern Säuren durch die Unlöslichkeit des Baryumsulfats in Chlorwasserstoffsäure. Entsteht also in chlorwasserstoffsaurer Lösung durch Chlorbaryum ein weisser Niederschlag, so ist die Gegenwart der Schwefelsäure erwiesen [2].

Schwefelige Säure erkennt man an dem charakteristischen Geruche, den die Salze beim Behandeln mit verdünnter Chlorwasserstoffsäure oder Schwefelsäure entwickeln.

Kocht man die mit Chlorwasserstoffsäure angesäuerte Lösung eines Sulfits oder die wässerige schwefelige Säure mit *Zinnchlorür*, so entwickelt sich Schwefelwasserstoffgas, welches nach und nach gelbes Zinnsulfid abscheidet.

---

[1] Blos die Selensäure gibt ebenfalls mit Chlorbaryum einen weissen, in Salzsäure unlöslichen Niederschlag. Das Baryumselenat unterscheidet sich von dem Baryumsulfat dadurch, dass es beim Kochen mit concentrirter Salzsäure Chlor entwickelt und schwefelige Säure aus dieser Flüssigkeit rothes Selen ausscheidet.

[2] Enthält die Flüssigkeit einen grossen Ueberschuss von Chlorwasserstoffsäure, so wird auf Zusatz von Chlorbaryum dieses als pulveriger Niederschlag ausgeschieden, welches indess mit dem Baryumsulfat nicht verwechselt werden kann. Auf Zusatz von Wasser verschwindet dieser Niederschlag gänzlich.

Auf Zusatz von *Zink* und *Chlorwasserstoffsäure* entwickeln schwefelige Säure und Sulfite ebenfalls S c h w e f e l w a s s e r - s t o f f g a s, welches Bleipapier oder mit Silbernitrat getränktes Papier braun bis schwarz färbt.

In neutraler Lösung eines S u l f i t s entsteht auf Zusatz von neutralem *Eisenchlorid* eine braunrothe Färbung, welche beim Kochen verschwindet.

Versetzt man die Auflösung eines S u l f i t s, bei Gegenwart von Chlorwasserstoffsäure, mit *Schwefelwasserstoff*, so wird S c h w e f e l ausgeschieden. Die Flüssigkeit enthält alsdann Pentathionsäure.

Der Niederschlag der schwefeligen Säure mit Silbernitrat wird erst b e i m K o c h e n geschwärzt, durch welches Verhalten sie sich von der u n t e r s c h w e f e l i g e n S ä u r e, T r i t h i o n -, T e t r a - und P e n t a t h i o n s ä u r e unterscheidet.

Säuert man die Lösung eines Sulfits mit *Essigsäure* an und fügt dieselbe zu einer Auflösung von *Zinksulfat,* zu welcher man einige Tropfen *Nitroprussidnatrium* gesetzt hat, so entsteht eine rothe Färbung. (Unterschied von der unterschwefeligen Säure.)

Unterschwefelige Säure [1]) charakterisirt und unterscheidet sich v o n a l l e n a n d e r e n Säuren des Schwefels durch ihr Verhalten gegen Chlorwasserstoffsäure. Versetzt man die Auflösung eines Hyposulfits mit Chlorwasserstoffsäure, so zerfällt die unterschwefelige Säure in S c h w e f e l, welcher sich ausscheidet, und s c h w e f e l i g e S ä u r e, an ihrem Geruch erkennbar.

Der Niederschlag mit *Silbernitrat* wird schon in der Kälte allmälich zersetzt, wobei das Silberhyposulfit in Schwefelsilber übergeht.

Fügt man zu der Lösung eines H y p o s u l f i t s eine Auflösung von *Chromsäure* und kocht, so bildet sich ein brauner Niederschlag, oder (bei geringen Mengen) starkbraune

---

[1]) Die Polythionsäuren des Schwefels und die unterschwefelige Säure sind nur dann zu berücksichtigen, wenn der durch Silbernitrat entstandene Niederschlag entweder in der Kälte oder beim Erwärmen geschwärzt wird.

Färbung. Durch dieses Verhalten unterscheidet sich die unterschwefelige Säure insbesondere von der Pentathionsäure, deren Auflösung beim Kochen mit Chromsäure vollständig klar bleibt.

Fügt man zu der neutralen Lösung eines Hyposulfits eine neutrale Lösung von *Eisenchlorid,* so entsteht eine violett-rothe Färbung, welche rasch verschwindet.

Versetzt man die Auflösung eines Hyposulfits mit *Zink* oder besser *Aluminium* und *verdünnter Schwefelsäure,* so entweicht ein Gemisch von Wasserstoff- und Schwefelwasserstoffgas, welch letzteres durch sein Verhalten gegen Bleipapier erkannt werden kann. Ist die Menge von unterschwefeliger Säure äusserst gering, so ist es nothwendig, das Gasgemisch längere Zeit auf das Bleipapier einwirken zu lassen. Schwefelige Säure verhält sich ebenso.

Dithionsäure (Unterschwefelsäure) wird in ihrer Verbindung mit Baryum (Strontium, Calcium, oder Blei) durch Kochen mit *Chlorwasserstoffsäure* in Baryumsulfat (Strontiumsulfat etc.) zerlegt unter Entwickelung von schwefeliger Säure.

Trithionsäure wird durch *Chlorwasserstoffsäure* in der Kälte nicht zersetzt, erst beim Kochen zerfällt dieselbe (auch ohne Zusatz von Säure) in Schwefelsäure, schwefelige Säure und Schwefel. Das Silbersalz verhält sich wie das der unterschwefeligen Säure.

Tetrathionsäure verhält sich beim Kochen und gegen Silbernitrat wie die Trithionsäure. Ammoniakalische Silberlösung erzeugt keine Fällung. (Unterschied von der Pentathionsäure.)

Pentathionsäure unterscheidet sich von der Trithion- und Tetrathionsäure dadurch, dass dieselbe aus ammoniakalischer Silbernitratlösung Schwefelsilber ausscheidet. Von allen anderen Säuren des Schwefels, mit Ausnahme der Schwefelsäure, kann sie noch dadurch unterschieden werden, dass sie durch verdünnte Chlorwasserstoff- oder Schwefelsäure nicht zersetzt wird.

Um schwefelige Säure und unterschwefelige Säure *neben löslichen Schwefelverbindungen* nachzuweisen, versetzt man die Lösung mit Zinksulfat, so lange noch ein Niederschlag entsteht, und filtrirt das Schwefelzink ab. Ein Theil des Filtrates wird mit Nitroprussidnatrium auf schwefelige Säure (siehe oben) geprüft, während man den anderen Theil zur Prüfung auf unterschwefelige Säure mit Chlorwasserstoffsäure oder Chromsäure versetzt.

Schwefelwasserstoff [1]) ist vorzüglich durch sein Verhalten gegen Bleiacetat, Silbernitrat und durch seinen Geruch zu erkennen. Die Schwefelmetalle werden grösstentheils durch verdünnte Chlorwasserstoffsäure oder Schwefelsäure unter Entwickelung von Schwefelwasserstoffgas (welches Bleipapier bräunt) zersetzt. Die nicht durch diese Säuren zersetzbaren Sulfide lösen sich meist in Salpetersäure, unter Abscheidung von Schwefel, während die Lösung Schwefelsäure enthält. Mit Natriumcarbonat auf der Kohle geschmolzen geben die Schwefelverbindungen Hepar.

Zur Erkennung ganz geringer Mengen von Schwefelwasserstoff oder einer alkalischen Schwefelverbindung versetzt man die Flüssigkeit mit *Natronlauge* und fügt *Nitroprussidnatrium* hinzu, wodurch eine rothviolette Färbung entsteht.

Zur Erkennung eines *Hyposulfits* neben einem löslichen *Sulfür* fällt man das letztere auf Zusatz von Zinksulfat, filtrirt das Schwefelzink ab und prüft das Filtrat auf unterschwefelige Säure, wie oben angegeben.

Phosphorsäure (dreibasische) wird aus salpetersaurer Lösung durch *Ammoniummolybdat* als gelbes Ammoniummolybdatphosphat gefällt, in Ammoniak löslich (S. 12).

Silbernitrat fällt aus neutralen Lösungen gelbes Silberphosphat, löslich in Salpetersäure und Ammoniak.

In ammoniakalischer Lösung entsteht, bei Gegenwart von Chlorammonium, auf Zusatz von *Chlormagnesium (Magnesium-*

---

[1]) Enthält eine Substanz freien Schwefel, so kann man diesen mit Schwefelkohlenstoff extrahiren. Beim Verdunsten der Lösung krystallisirt der Schwefel (oktaedrisch) aus.

sulfat) ein weisser, krystallinischer Niederschlag von Ammonium-Magnesiumphosphat [1]). (Siehe S. 12.)

Pyrophosphorsäure wird durch *Silbernitrat* weiss gefällt, ebenfalls in Salpetersäure und Ammoniak auflöslich. Ammoniummolybdat bringt keine Fällung hervor. Kocht man die Lösung mit etwas Salpetersäure, so geht die Pyrophosphorsäure in die dreibasische über, welche durch Ammoniummolybdat und Silbernitrat gefällt wird. (Siehe oben.)

Zur Nachweisung der Pyrophosphorsäure neben der gewöhnlichen (dreibasischen) Phosphorsäure versetzt man die Auflösung mit Salmiak, Ammoniak und Chlormagnesium (Magnesiumsulfat), wodurch die dreibasische Phosphorsäure als Ammonium-Magnesiumphosphat gefällt wird. Fügt man zu der filtrirten Flüssigkeit Silbernitrat und neutralisirt dieselbe vorsichtig mit Salpetersäure, so entsteht, bei Gegenwart von Pyrophosphorsäure, ein weisser Niederschlag von Silberpyrophosphat.

Phosphorige Säure [2]) erzeugt in *Quecksilberchloridlösung* einen weissen Niederschlag von Quecksilberchlorür. Ist ein Ueberschuss an Säure vorhanden, so entsteht metallisches Quecksilber. Dieses Reagens kann auch angewandt werden, um die phosphorige Säure neben der Phosphorsäure nachzuweisen.

In Berührung mit *Zink* und bei Gegenwart von verdünnter Schwefelsäure entwickeln die Phosphite ein Gemenge von Wasserstoffgas mit Phosphorwasserstoff. Nimmt man diese Zersetzung in einem kleinen Kölbchen vor und zündet

---

[1]) Da Arsensäure ebenfalls durch Chlormagnesium gefällt wird (S. 33), so kann man zur Untersuchung auf Phosphorsäure neben Arsensäure nur diejenige Flüssigkeit verwenden, aus welcher das Arsen vorher durch Schwefelwasserstoff ausgefällt wurde.

[2]) Auf phosphorige nnd unterphosphorige Säure ist nur dann zu prüfen, wenn der durch Silbernitrat entstandene Niederschlag bald schwarz wird. Dieses Schwarzwerden rührt von Bildung metallischen Silbers her, während durch die Einwirkung der Polythionsäuren·des Schwefels, sowie der unterschwefeligen Säure, schliesslich stets Schwefelsilber entsteht.

das getrocknete Gasgemisch an (am besten aus einer Platin-
spitze oder ausgezogenen Glasröhre von schwer schmelzbarem
Glase ausströmend), so brennt das Phosphorwasserstoffgas mit
schöner smaragdgrüner Flamme. Die Färbung der Flamme
tritt noch schöner hervor, wenn man dieselbe durch Hineinhalten einer flachen Porzellanschale abkühlt.

Von der unterphosphorigen Säure unterscheidet sie
sich dadurch, dass sie Kaliumpermanganat und Auflösung von
Jod in Jodkalium nicht entfärbt.

Durch Erwärmen mit Salpetersäure geht die phosphorige
Säure in Phosphorsäure über.

Bei Luftabschluss geglüht werden die Phosphite zersetzt.
Es entweicht ein Gemenge von Wasserstoffgas und (nicht selbst
entzündlichem) Phosphorwasserstoff. Der Rückstand enthält
alsdann ein pyrophosphorsaures Salz.

Unterphosphorige Säure ist vorzüglich durch ihre reducirende Wirkung auf *Silbernitrat* und *Goldchlorid* zu erkennen.
Kaliumpermanganat, sowie eine Auflösung von *Jod* in *Jodkalium,*
werden durch dieselbe entfärbt.

Beim Erwärmen mit Salpetersäure geht sie ebenfalls in
Phosphorsäure über.

Durch Glühen bei Luftabschluss zersetzen sich die wasser-
stoffhaltigen Hypophosphite ähnlich wie die phosphorigsauren
Verbindungen, jedoch mit dem Unterschiede, dass hierbei ein
Gemenge von Wasserstoffgas und selbstentzündlichem
Phosphorwasserstoff entweicht.

Salpetersäure kann durch ihr Verhalten gegen concentrirte Schwefelsäure und Eisenoxydulsulfat erkannt werden
(siehe Kaliumnitrat S. 6) [1]).

---

[1]) Enthält die Flüssigkeit gleichzeitig Brom- oder Jodmetalle, so kann
man die Seite 6 angegebene Reaction auf Salpetersäure mit Eisenoxydulsulfat nicht direct benutzen, indem durch die Schwefelsäure Jod oder
Brom frei werden, welche ähnliche Farbenerscheinungen hervorbringen.
Man muss alsdann diese Verbindungen auf Zusatz von Chlorwasser zersetzen und das Jod oder Brom durch Schütteln mit Schwefelkohlenstoff
oder Chloroform entfernen. Die davon abfiltrirte Flüssigkeit kann zur
Nachweisung der Salpetersäure dienen.

Zur Nachweisung geringer Spuren von Salpetersäure (oder Nitraten) eignen sich vorzüglich folgende Reactionen.

In einer kleinen Porzellanschale löst man eine minimale Quantität von *Brucin* in einigen Tropfen concentrirter Schwefelsäure und fügt dann einige Tropfen der auf Salpetersäure zu prüfenden Flüssigkeit hinzu. Ist die Menge der Salpetersäure nicht allzu gering, so entsteht eine hochroth oder rothgelb gefärbte Flüssigkeit.

Versetzt man Salpetersäure, oder die Lösung eines Nitrates, mit *Phenylschwefelsäure*, welche man durch Lösung von 1 Thl. Phenol in 4 Thln. concentrirter Schwefelsäure und Hinzufügen von 2 Thln. Wasser erhält, so färbt sich die Flüssigkeit bräunlichroth und wird auf Zusatz von Ammoniak gelb oder grün. Salpetrige Säure verhält sich ähnlich.

Giesst man ungefähr 1 CC. concentrirte Schwefelsäure in ein Uhrglas, fügt das halbe Volumen *Anilinsulfat* (durch Auflösen von 10 Thln. Anilin in 50 Thln. verdünnter Schwefelsäure [1 : 6] erhalten) hinzu, befeuchtet nun einen Glasstab mit der auf Salpetersäure zu prüfenden Lösung, fährt mit diesem kreisförmig am Rande durch die Mischung und bläst einige Male über dieselbe, so erscheinen intensiv rothe Kreisbogen oder Striche; nach einiger Zeit nimmt die ganze Flüssigkeit eine rosenrothe Färbung an. Diese Farbenreaction tritt nur dann ein, wenn die Lösung ganz geringe Spuren von Salpetersäure enthält; ist mehr vorhanden, so färbt sich dieselbe carminroth, während bei Anwendung von einem Tropfen reiner Salpetersäure die Farbe zuerst in intensives Roth und darauf in Braunroth übergeht. Salpetrige Säure verhält sich ebenso. (Braun.)

Zur Nachweisung von Salpetersäure neben salpetriger Säure erwärmt man die Lösung mit verdünnter Schwefelsäure, bis die salpetrige Säure ausgetrieben ist, und prüft dann auf Salpetersäure, wie oben angegeben.

Salpetrige Säure charakterisirt und unterscheidet sich von der Salpetersäure vorzüglich durch ihr Verhalten gegen Jodkalium und Stärkelösung, sowie gegen concentrirte Schwefelsäure. (Siehe Kaliumnitrit S. 5.)

Zur Nachweisung von ganz minimalen Mengen von salpetriger Säure, so z. B. zur Nachweisung von salpetriger Säure in
Brunnenwasser, destillirt man eine grössere Quantität der
Flüssigkeit, etwa 500 CC. auf Zusatz von Essigsäure und leitet
das Destillat in mit verdünnter Schwefelsäure angesäuerte
Jodkaliumstärkelösung. Ist salpetrige Säure vorhanden, so
wird der Inhalt der Vorlage schon durch die ersten Tröpfen
des Destillates blau gefärbt.

Chlorwasserstoffsäure oder Chlormetalle erzeugen in
der Auflösung von *Silbernitrat* weisses, flockiges Chlorsilber,
unlöslich in Salpetersäure, löslich in verdünntem Ammoniak
und Natriumhyposulfit. Aus der Lösung in Ammoniak wird
durch Salpetersäure wieder Chlorsilber ausgeschieden.

Bleiacetat wird weiss gefällt, das entstandene Chlorblei
ist in vielem, heissem Wasser auflöslich, aus welcher Lösung
es beim Erkalten auskrystallisirt.

Auf Zusatz von *concentrirter Schwefelsäure* zu der trockenen Verbindung entsteht Chlorwasserstoffgas, an seinem stechenden, sauren Geruch erkennbar. Beim Annähern von Ammoniak bilden sich dichte Salmiaknebel.

Mengt man ein Chlormetall mit *Kaliumbichromat* und
destillirt in einer kleinen tubulirten Retorte auf Zusatz von
concentrirter Schwefelsäure, so geht Chromoxychlorid über,
welches, in Natronlauge aufgefangen, sich unter Bildung von
Natriumchromat zersetzt. Das Gelbwerden der Natronlauge
beweist demnach die Anwesenheit von Chlorwasserstoffsäure.
(Siehe Chlorkalium S. 3.)

Bromwasserstoffsäure oder Brommetalle werden durch
Silbernitrat gelblichweiss gefällt, unlöslich in Salpetersäure, in
verdünntem Ammoniak sehr wenig auflöslich.

Kleine Mengen von Bromwasserstoffsäure lassen sich mittelst Chlorwasser und Chloroform nachweisen. (Siehe Bromkalium S. 9.)

Uebergiesst man Brommetalle mit *concentrirter Schwefelsäure*, so treten braunroth gefärbte Bromdämpfe auf.

Jodwasserstoffsäure oder Jodmetalle fällen aus Silbernitrat
gelbes Jodsilber, unlöslich in Salpetersäure und Ammoniak.

Zur Erkennung kleiner Mengen von Jodwasserstoffsäure versetzt man die Lösung mit Kaliumbichromat, verdünnter Schwefelsäure, Chloroform und schüttelt. Das Jod geht hierdurch in das Chloroform über und färbt dieses violettroth. (Siehe Jodkalium S. 8.)

Concentrirte Schwefelsäure macht aus den Jodmetallen Jod frei, welches durch Erwärmen der Flüssigkeit in Form violettrother Dämpfe verflüchtigt wird (S. 7).

Chlorwasserstoffsäure neben Bromwasserstoffsäure. Um ein Chlormetall neben Brommetall sicher nachzuweisen, mengt man mit Kaliumbichromat und destillirt mit concentrirter Schwefelsäure, wie oben angegeben. Brom wird wie gewöhnlich durch Versetzen der Lösung mit Chlorwasser und Schütteln mit Chloroform nachgewiesen (S. 9).

Chlor- neben Jodwasserstoffsäure lässt sich wie Chlor- neben Bromwasserstoffsäure, mit Kaliumbichromat und concentrirter Schwefelsäure nachweisen.

Man kann auch Beide mit Silbernitrat fällen und den Niederschlag nach dem Abfiltriren und Auswaschen mit verdünntem Ammoniak behandeln. Chlorsilber löst sich auf, Jodsilber bleibt zurück. War Chlorsilber vorhanden, so entsteht in dem ammoniakalischen Filtrat auf Zusatz von Jodkalium ein gelber Niederschlag.

Zur Nachweisung der Jodwasserstoffsäure versetzt man mit Kaliumbichromat und verdünnter Schwefelsäure.

Zur Nachweisung von *Jodwasserstoffsäure neben Brom- und Chlorwasserstoffsäure*, versetzt man mit rauchender Salpetersäure und schüttelt mit Chloroform. Das Jod gibt sich durch violette Färbung der Chloroformschicht zu erkennen.

Brom- neben Jodwasserstoffsäure. Man fügt zu der verdünnten Lösung Chloroform [1]) und dann so viel Chlorwasser, bis das ausgeschiedene und in Chloroform gelöste Jod in Jodsäure übergeführt ist. Die violette Farbe des Chloroforms

---

[1]) Reagirt die zu prüfende Flüssigkeit alkalisch, so versetzt man vorher mit Chlorwasserstoffsäure bis zur sauren Reaction.

verschwindet vollständig und geht, bei Gegenwart von Brom, in die gelbe oder orangerothe Färbung über (S. 8).

Chlor-, Brom-, Jod- und Cyanwasserstoffsäure [1]). Um erstere Säuren neben Cyanwasserstoffsäure nachzuweisen, versetzt man die mit Salpetersäure angesäuerte Lösung mit Silbernitrat. Der Niederschlag wird filtrirt, ausgewaschen, getrocknet, und geglüht, wodurch das Cyansilber in metallisches Silber übergeführt wird, während die übrigen Silberverbindungen unzersetzt zurückbleiben. Man schmilzt den Rückstand mit Natriumcarbonat und laugt die Schmelze mit Wasser aus. Die wässerige Lösung kann alsdann auf Chlor, Brom und Jod geprüft werden.

Fluorwasserstoffsäure kann vorzüglich durch ihr Verhalten gegen concentrirte Schwefelsäure, auf Zusatz von Kieselsäure erkannt werden. (Siehe Fluorcalcium S. 21.)

Chlorsäure zerfällt in ihren Verbindungen, auf Zusatz von concentrirter Chlorwasserstoffsäure, in Wasser und Chlorgas. (Unterschied von der Ueberchlorsäure.) Concentrirte Schwefelsäure entwickelt aus den Chloraten grünlichgelbes Unterchlorsäuregas, wobei namentlich beim Erwärmen starke Verpuffungen eintreten können. Der Versuch darf daher nur mit kleinen Mengen Substanz angestellt werden.

Durch Glühen gehen die Chlorate, unter Sauerstoffentwickelung, in Chlormetalle über. Auf der Kohle vor dem Löthrohre erhitzt, verpuffen dieselben.

Kaliumpermanganat wird durch Chlorate nicht entfärbt. (Unterschied von der chlorigen und Ueberchlorsäure.)

Vermischt man in einem Uhrglas einen Kubikcentimeter concentrirte Schwefelsäure mit der Hälfte Anilinsulfat (durch Auflösen von 10 Theilen Anilin in 50 Theilen verdünnter Schwefelsäure, 1 : 6, bereitet) und fügt nun eine Spur eines Chlorates hinzu, so färbt sich die Flüssigkeit augenblicklich schön blau. (Böttger.) Unterchlorige Säure verhält sich ebenso.

Zur Nachweisung von Salpetersäure neben Chlorsäure

---

[1]) Die Nachweisung der Cyanwasserstoffsäure, siehe S. 121.

lässt sich die Reaction der ersteren mit Eisensulfat (S. 6) anwenden, wenn man die betreffenden Flüssigkeiten (concentrirte Schwefelsäure, Eisensulfat etc.) so vorsichtig zusammengiesst, dass kein Vermischen stattfindet. Zur Erkennung der Chlorsäure kann man (bei Abwesenheit anderer Sauerstoffverbindungen.des Chlors und bei Abwesenheit von Chlormetallen) die trockne Substanz mit Natriumcarbonat glühen, wodurch das Chlorat in Chlormetall übergeht, und letzteres (nach Neutralisation der wässerigen Lösung der Schmelze mit Salpetersäure) mit Silbernitrat nachweisen. Ist in der ursprünglichen Substanz neben dem Chlorat ein Chlormetall vorhanden, so fällt man dieses zuerst mit Silbernitrat, entfernt den Ueberschuss an Silber mit Schwefelwasserstoff, kocht das Filtrat zur Verjagung des letztern, dampft auf Zusatz von Natriumcarbonat ein und verfährt wie vorhin.

Ueberchlorsäure charakterisirt sich in ihren Verbindungen vorzugsweise dadurch, dass sie durch Chlorwasserstoffsäure und concentrirte Schwefelsäure nicht zersetzt wird. Die Superchlorate hinterlassen nach dem Glühen Chlormetalle, welche durch ihr Verhalten gegen Silbernitrat erkannt werden können.

Zur Nachweisung der Ueberchlorsäure neben Chlorsäure kocht man die verdünnte wässerige Lösung mit einem Kupferzinkelement [1]). Hierdurch wird das Chlorat zu Chlorid, unter Abscheidung von Zinkoxydhydrat reducirt, während die Ueberchlorsäure nicht zersetzt wird und in der von Zinkoxydhydrat abfiltrirten Flüssigkeit nachgewiesen werden kann.

Chlorige Säure unterscheidet sich von allen anderen Säuren des Chlors dadurch, dass sie mit Silbernitrat einen weissen, in vielem Wasser löslichen Niederschlag erzeugt.

Kaliumpermanganat wird durch die Auflösung der chlorigen Säure sofort entfärbt unter Abscheidung von Manganoxydhydrat.

---

[1]) Man erhält dasselbe durch Eintauchen von Zinkfolie in eine verdünnte Kupfersulfatlösung (ca. 1 Proc. enthaltend). Die mit einem schwarzen Kupferüberzuge versehene Folie wird abgewaschen und getrocknet.

Schwefelwasserstoff führt die chlorige Säure, unter Ausscheidung von Schwefel, in Chlorwasserstoffsäure über.

Versetzt man eine schwach saure und verdünnte Auflösung von *Eisenoxydulsulfat* mit verdünnter chloriger Säure, so beobachtet man, bei durchfallendem Licht, eine amethystfarbige Nuance, die sehr bald in Gelb übergeht. In stark saurer oder concentrirter Eisenoxydulsulfatlösung tritt die Reaction nicht auf.

Unterchlorige Säure wird in ihren Verbindungen durch verdünnte Salzsäure, unter Chlorentwickelung zersetzt.

Auf Zusatz von Alkalien oxydirt sie eine *Manganoxydulsalzlösung* zu Manganoxyd (brauner Niederschlag), und schlägt aus *Bleiacetatlösung* braunes Bleisuperoxyd nieder.

Kaliumpermanganat wird durch reine unterchlorige Säure nicht entfärbt.

Gegen Anilinsulfat verhält sich die unterchlorige Säure wie die Chlorsäure.

Bromsäure. Werden Bromate vor dem Löthrohr auf der Kohle erhitzt, so tritt Verpuffung ein. Durch concentrirte Schwefel- oder Chlorwasserstoffsäure werden dieselben unter Entwickelung brauner Dämpfe zersetzt. Durch Glühen zerfallen sie, unter Sauerstoffentwickelung, in Brommetalle.

Jodsäure. Jodate verpuffen ebenfalls auf der Kohle, jedoch weniger heftig als die Bromate und Chlorate. Der Rückstand enthält Jodmetall. Mit concentrirter Schwefelsäure und Eisenvitriol erwärmt, entstehen violettrothe Joddämpfe. Durch Schwefelwasserstoff, schwefelige Säure, verdünnte Schwefelsäure und Zink werden die Jodate unter Ausscheidung von Jod zersetzt; letzteres kann durch Schütteln mit Chloroform oder Schwefelkohlenstoff nachgewiesen werden.

Der gelblichweisse Niederschlag mit Silbernitrat ist in Ammoniak löslich und wird aus dieser Lösung auf Zusatz von Salpetersäure nicht wieder gefällt.

Um Jodate neben Jodmetallen nachzuweisen, versetzt man die Auflösung mit verdünnter Schwefelsäure. Sind Beide zugleich vorhanden, so wird die Flüssigkeit von ausgeschie-

denem Jod gelb bis braun gefärbt[1]); letzteres kann durch
Schütteln mit Chloroform oder durch Stärkelösung erkannt
werden.

Ueberjodsäure. Die Superjodate verpuffen beim Erhitzen
auf der Kohle und zerfallen in Jodmetalle und Sauerstoff.

Auf Zusatz von *Silbernitrat* erhält man einen braunen
Niederschlag, der sich in Ammoniak auflöst und durch Salpetersäure aus dieser Lösung wieder gefällt wird.

Von den Jodaten unterscheiden sich die Superjodate
dadurch, dass ihre Auflösungen durch schwefelige Säure nicht
zersetzt werden. Um Jodsäure von Ueberjodsäure zu trennen,
scheidet man Beide als Baryumsalze ab und übergiesst den
Niederschlag mit Ammoniumcarbonat und Ammoniak. Nach
kurzer Zeit ist das Baryumjodat in Baryumcarbonat und lösliches Ammoniumjodat umgesetzt, während das Baryumsuper-
jodat nicht zersetzt wird (Kämmerer).

Kieselsäure. Silicate zeichnen sich durch ihr Verhalten
gegen die Phosphorsalzperle aus. Bringt man eine kleine
Menge der gepulverten Verbindung in die Perle und schmilzt,
so gehen die Oxyde in Auflösung, während die Kieselsäure
ungelöst bleibt. (Kieselscelet, siehe S. 15.)

Die in Wasser löslichen Silicate werden durch *Chlorwasserstoffsäure*, unter Abscheidung von Kieselsäure, zersetzt.
Dampft man die Flüssigkeit ab und behandelt den scharf ge-
trockneten Rückstand mit verdünnter Chlorwasserstoffsäure, so
bleibt sämmtliche Kieselsäure ungelöst zurück. Dasselbe geschieht, wenn die in Wasser unlöslichen, durch Chlorwasserstoffsäure aufschliessbaren Silicate auf gleiche Art behandelt
werden. Fügt man zu der erwärmten wässerigen Lösung eines
Silicats eine gleichfalls vorher erhitzte *Salmiaklösung*, so entsteht, auch bei sehr verdünnter Flüssigkeit, sogleich ein weisser
Niederschlag von Kieselsäure.

Silicate, die nicht durch Säuren zerlegbar sind, können
durch Schmelzen mit Natriumcarbonat aufgeschlossen werden.
(Siehe S. 74.) Löst man die erhaltene Schmelze in verdünnter

---

[1]) $5KJ + KJO_3 + 3H_2SO_4 = 6J + 3K_2SO_4 + 3H_2O$.

Chlorwasserstoffsäure, so bleibt die Kieselsäure, nach dem Abdampfen zur Trockne und Erwärmen des Rückstandes mit verdünnter Chlorwasserstoffsäure, ungelöst zurück.

Die auf die eine oder andere Art erhaltene Kieselsäure kann durch ihr Verhalten gegen die Phosphorsalzperle noch näher geprüft werden [1]). In Kalilauge ist die Kieselsäure vollständig auflöslich [2]). Durch Erhitzen mit Fluorammonium (im Platintiegel auszuführen) wird die Kieselsäure vollständig als Fluorsilicium verflüchtigt [3]).

Kieselfluorwasserstoffsäure erzeugt, auf Zusatz von *Chlorbaryum*, einen weissen, durchscheinenden Niederschlag von Kieselfluorbaryum.

Durch Erwärmen mit *concentrirter Schwefelsäure* zerfallen die Kieselfluormetalle in Fluorwasserstoff und Fluorsilicium, welch' letzteres durch Annähern eines mit Wasser befeuchteten Glasstabes erkannt werden kann. (Siehe Fluorcalcium S. 21.)

Borsäure in Boraten, färbt, auf Zusatz von verdünnter Schwefelsäure, Curcumapapier braun. Befeuchtet man die an einem Platindrahte befindliche Probe mit concentrirter Schwefelsäure und erhitzt in der Gasflamme, so wird diese deutlich grün gefärbt.

Um kleine Mengen von Borsäure zu entdecken, mengt man die trockene Substanz mit Fluorcalcium und concentrirter Schwefelsäure und erhitzt in einer Platinretorte. Wird das übergehende Borfluorid in Alkohol geleitet, so erscheint, beim Anzünden desselben, der Saum der Flamme deutlich grün ge-

---

[1]) Da die Silicate häufig Titansäure enthalten, welche mit der Kieselsäure ausgeschieden wird, so muss man, zur Auffindung ersterer, die Kieselsäure mit concentrirter Schwefelsäure kochen und den Ueberschuss verjagen. Nach dem Erkalten verdünnt man vorsichtig mit Wasser, filtrirt, stumpft den Ueberschuss an Säure mit Natronhydrat ab und kocht die noch saure Flüssigkeit längere Zeit hindurch. Ist Titansäure vorhanden, so wird dieselbe ausgeschieden und kann alsdann mit der Phosphorsalzperle geprüft werden.

[2]) Dieses Verhalten kann zur Trennung der Kieselsäure von Quarz (Gangart) benutzt werden.

[3]) $SiO_2 + NH_4Fl = SiFl_4 + 2H_2O$.

färbt. Man kann auch, nach Kämmerer, die mit Kieselsäure oder Glaspulver und Fluorcalcium gemengte Substanz in einem Reagircylinder mit concentrirter Schwefelsäure übergiessen, die Gase durch eine am Ende verengte, rechtwinklig gebogene Glasröhre in eine nicht leuchtende Gasflamme leiten. Bei Gegenwart von Bor ertheilt das entstehende Fluorbor der Gasflamme eine deutlich grüne Färbung. Bei geringen Mengen von Bor empfiehlt es sich ein Stückchen Marmor oder Kalkspath in das Reagensrohr zu bringen, um mit der Kohlensäure alles Fluorbor in die Gasflamme überzuführen.

Kohlensäure wird aus ihren Verbindungen durch stärkere Säuren als farb- und geruchloses Gas (unter Aufbrausen) ausgetrieben. Leitet man dieselbe in Kalkwasser, so entsteht ein weisser Niederschlag von Calciumcarbonat, welches sich in überschüssiger Kohlensäure als Calciumhydrocarbonat löst, und beim Kochen der Flüssigkeit wieder - gefällt wird. (Siehe Natriumcarbonat S. 10.)

Organische Säuren[1].

Durch Chlorbaryum werden aus neutraler Lösung gefällt:

Oxalsäure   weiss
Weinsäure[2])   „   } in Chlorwasserstoffsäure löslich.

Durch Bleiacetat werden aus neutraler Lösung gefällt:

Cyanwasserstoffsäure weiss   } in heissem
Cyansäure   „   } Wasser löslich.

Oxalsäure   weiss
Aepfelsäure   „   in
Weinsäure   „   Salpetersäure
Citronensäure   „   löslich.
Gerbsäure   gelblich

Durch Silbernitrat werden aus neutraler Lösung gefällt:

Cyanwasserstoffsäure   weiss
Ferrocyanwasserstoffsäure   „
Ferricyanwasserstoffsäure   orange   in Salpetersäure unlöslich.
Rhodanwasserstoffsäure   weiss
Nitroprussidwasserstoffsäure fleischfarben

Cyansäure weiss, in Salpetersäure löslich.
Essigsäure weisse Schuppen, in heissem Wasser löslich.
Oxalsäure weiss, in Salpetersäure löslich.
Weinsäure weiss, beim Kochen sich schwärzend.

---

[1]) Ob überhaupt organische Säuren in der zu prüfenden Substanz vorhanden sind, kann in den meisten Fällen durch die Vorprüfung constatirt werden. (Siehe S. 71.)

[2]) Diese Säuren werden nur aus concentrirter Lösung durch Chlorbaryum gefällt.

Traubensäure verhält sich wie Weinsäure.

Citronensäure weiss, durch Einwirkung des Lichts sich schwärzend.

Aepfelsäure weiss, wird durch Kochen reducirt.

Salicylsäure weiss.

Gallussäure: Ausscheidung von metallischem Silber.

Pyrogallussäure desgleichen.

Cyanwasserstoffsäure. Blausäure CNH.

Die Cyanwasserstoffsäure bildet eine leicht flüchtige, farblose, nach bittern Mandeln riechende Flüssigkeit.

Die Cyanverbindungen der Metalle der Alkalien und alkalischen Erden sind in Wasser löslich, die der schweren Metalle fast alle unlöslich. Zur Nachweisung der Cyanwasserstoffsäure in unlöslichen Cyanverbindungen erwärmt man auf Zusatz von Kali- oder Natronlauge, filtrirt den Niederschlag und prüft das Filtrat, wie unten angegeben. Die wässerigen Lösungen der Cyanmetalle riechen nach Blausäure; dieselben werden auf Zusatz einer verdünnten Säure zerlegt. Dasselbe findet beim Glühen der Cyanmetalle statt, wobei sich entweder Metall und Cyangas (Verbindungen der Cyanwasserstoffsäure mit den edlen Metallen) oder Stickstoffgas und Kohlenmetall bildet.

Durch Abdampfen mit concentrirter Schwefelsäure werden sämmtliche Cyanmetalle zersetzt.

Zur Erkennung der Cyanwasserstoffsäure kann ihr Verhalten gegen *Eisenoxyduloxydlösung* benutzt werden; oder man führt dieselbe durch Abdampfen mit *Schwefelammonium* in Rhodanwasserstoffsäure über und weist diese mit Eisenchlorid nach. (Siehe Cyankalium S. 4.)

Zur Nachweisung ganz geringer Spuren von Blausäure lässt sich die Guajakreaction verwenden. Um dieselbe auszuführen, extrahirt man 5 g Guajakharz mit 100 CC. Alkohol und tränkt mit dieser Lösung kleine Streifen Filtrirpapier. Nach dem Verdunsten des Alkohols befeuchtet man die Streifen mit einigen Tropfen einer ganz verdünnten Kupfervitriollösung ($\frac{1}{4}$ Proc. Kupfervitriol enthaltend) und betupft die Streifen mit der auf Blausäure zu prüfenden Flüssigkeit. Ist Blausäure vorhanden, so entsteht eine schöne, intensiv blaue Färbung. Wenn aus einer Flüssigkeit Blausäure entweicht, so genügt es, die Papierstreifen über der Flüssigkeit aufzuhängen, um die Reaction hervorzubringen.

Ferrocyanwasserstoffsäure H_4FeCy_6.

Die Ferrocyanwasserstoffsäure bildet perlglänzende, an der Luft rasch blau werdende Blättchen. Dieselbe ist in Wasser und Alkohol leicht löslich. Auf Zusatz von Aether wird die Ferrocyanwasserstoffsäure aus der alkoholischen und wässerigen Lösung wieder ausgeschieden.

Die Ferrocyanverbindungen der Alkalien und alkalischen Erden sind in Wasser löslich, während die übrigen grösserentheils unlöslich sind. Die unlöslichen Ferrocyanmetalle werden durch Kochen mit Kali- oder Natronlauge, unter Ausscheidung der betreffenden Oxyde und Bildung von Ferrocyankalium oder -natrium zerlegt. Um demnach die Ferrocyanwasserstoffsäure nachzuweisen, filtrirt man den entstandenen Niederschlag ab, säuert das Filtrat mit Chlorwasserstoffsäure an und verfährt, wie unten (für die löslichen Ferrocyanverbindungen) angegeben.

Durch Glühen sowie durch Erhitzen mit concentrirter Schwefelsäure werden die Salze zerstört.

Die löslichen Ferrocyanverbindungen charakterisiren sich vorzugsweise durch ihr Verhalten gegen *Eisenoxydsalze*, mit welchen sie einen blauen Niederschlag von Ferri-Ferrocyanid erzeugen. (S. 42.)

Kupfersulfat fällt braunrothes Kupfer-Ferrocyanid.

Silbernitrat erzeugt weisses Silber-Ferrocyanid, unlöslich in Ammoniak. (Unterschied von der Cyanwasserstoffsäure.)

Ferricyanwasserstoffsäure $H_6Fe_2Cy_{12}$.

Die Ferricyanwasserstoffsäure bildet blaugrüne Krystalle, in Wasser und Alkohol löslich. Die meisten Ferricyanmetalle sind in Wasser löslich, die unlöslichen Verbindungen werden durch Kochen mit Kali- oder Natronlauge, unter Fällung der Oxyde und Bildung von Ferricyankalium, zerlegt. Zur Nachweisung der Ferricyanwasserstoffsäure in unlöslichen Verbindungen verfährt man, wie bei der Ferrocyanwasserstoffsäure angegeben.

Gegen concentrirte Schwefelsäure oder in der Glühhitze verhalten sich die Ferricyan- wie die Ferrocyan-Verbindungen. Von den letzteren unterscheiden sich die Ferricyansalze durch ihr indifferentes Verhalten gegen Eisenoxydsalze.

Eisenoxydulsulfat erzeugt blaues F e r r o - F e r r i c y a n i d (Siehe S. 42.)

Kupfersulfat: gelbgrünes K u p f e r - F e r r i c y a n i d.

Silbernitrat: rothbraunes S i l b e r - F e r r i c y a n i d, unlöslich in Salpetersäure, löslich in Ammoniak.

Rhodanwasserstoffsäure. Sulfocyanwasserstoffsäure CNSH.

Farbloses Oel, welches bei — 12,5 ⁰ C erstarrt, in Wasser leicht löslich.

Die Verbindungen mit den Alkalien und alkalischen Erden sind in Wasser löslich, während diejenigen der schweren Metalle grösserentheils unlöslich sind. Letztere werden durch Kochen mit ätzenden Alkalien, unter Abscheidung der Oxyde und Bildung von Sulfocyanalkalien, zerlegt. Die Rhodanwasserstoffsäure lässt sich dann in der filtrirten Flüssigkeit, nach Zusatz von Chlorwasserstoffsäure bis zur sauren Reaction, nachweisen. Durch Glühen zerfallen die meisten Rhodanmetalle in Stickstoff, Cyan, Schwefelkohlenstoff und Schwefelmetall.

In der wässerigen Auflösung der Sulfocyanverbindungen bringt *Eisenchlorid* eine blutrothe Färbung hervor (siehe S. 42), welche auf Zusatz von Alkalien, unter Abscheidung von Eisenoxyd, durch Chlorwasserstoffsäure jedoch nicht verschwindet. (Unterschied von der Essigsäure.)

Phosphorsäure, Arsensäure, Jodsäure und Oxalsäure entfärben die rothe Lösung; dasselbe findet durch Natriumacetat statt. F ü g t m a n z u l e t z t e r Flüssigkeit Chlorwasserstoffsäure, so tritt die Färbung wieder auf. (Unterschied von der Essigsäure.)

Silbernitrat erzeugt weisses, flockiges Sulfocyansilber, in Ammoniak schwer löslich.

Nitroprussidwasserstoffsäure $H_4 Fe_2 Cy_{10}(NO)_2$.

Die Nitroprussidverbindungen entstehen durch Einwirkung von Salpetersäure auf Ferrocyanmetalle. Die gewöhnlichste derselben ist das Nitroprussidnatrium, ein in Wasser lösliches Salz von rother Farbe.

Durch ätzende Alkalien werden die Nitroprussidverbindungen unter Ausscheidung von Eisenoxyd und Bildung von Stickstoffgas, Ferrocyanmetall und Nitrite zersetzt.

Die löslichen Nitroprussidsalze erzeugen in der Auflösung von *Kalium-* oder *Natriumsulfid* eine purpurrothe Färbung, welche bald wieder verschwindet.

Silbernitrat fällt fleischfarbenes Nitroprussidsilber, unlöslich in Salpetersäure.

Cyansäure HCNO.

Die Cyansäure bildet eine farblose Flüssigkeit von durchdringendem und stechendem Geruch, welche sich durch Wasser in Kohlensäure und Ammoniak zersetzt. Die Verbindungen der Cyansäure mit den Alkalien sind in Wasser löslich. Durch Glühen werden die Cyanate nicht zersetzt.

Uebergiesst man die trockene Substanz mit *verdünnter Schwefelsäure*, so entwickelt sich Kohlensäure, welche, in Folge beigemengter, unzersetzter Cyansäure, einen stechenden Geruch besitzt. Der Rückstand enthält Ammoniumsulfat.

Silbernitrat fällt weisses Silbercyanat, welches sich beim Erwärmen unter Gasentwickelung und Feuererscheinung zersetzt. (Unterschied von Chlorsilber.) Der Niederschlag ist in Salpetersäure und Ammoniak auflöslich.

Bleiacetat erzeugt weisses, krystallinisches Bleicyanat, in heissem Wasser auflöslich. (Unterschied von der Cyanwasserstoffsäure etc.)

Essigsäure $C_2H_4O_2$.

Die Essigsäure stellt eine farblose, durchdringend und angenehm sauer riechende Flüssigkeit vom specifischen Gewicht 1,056 bei 15,5 ^{0} C dar. Der Siedepunkt liegt bei 119 ^{0}. Mit Wasser ist dieselbe in allen Verhältnissen mischbar, ebenso mit Alkohol.

Die meisten essigsauren Salze (Acetate) sind in Wasser löslich, schwer löslich sind nur einige wenige, z. B. Quecksilberoxydul- und Silberacetat.

Durch Glühen werden dieselben zersetzt. (Alkaliacetate können ohne Zersetzung bis zum Schmelzen erhitzt werden.) Der Rückstand enthält entweder Carbonat, so bei den Verbindungen der Alkalien und alkalischen Erden, Oxyd oder Metall, bei den übrigen essigsauren Salzen, unter gleichzeitiger Abscheidung von Kohle.

Eisenchlorid erzeugt in der Auflösung eines essigsauren Salzes eine tiefdunkelrothe Färbung von Eisenacetat.

$$6NaC_2H_3O_2 + Fe_2Cl_6 = Fe_2(C_2H_3O_2)_6 + 6NaCl.$$

Freie Essigsäure bringt nur dann eine Färbung hervor, wenn die Flüssigkeit annähernd mit Kali- oder Natronlauge oder Ammoniak neutralisirt wird. Ist essigsaures Salz im Ueberschusse vorhanden, so scheidet sich beim Kochen sämmtliches Eisen als basisches Eisenacetat aus, und die überstehende Flüssigkeit ist farblos.

Die rothe Eisenacetatlösung wird auf Zusatz von Chlorwasserstoffsäure gelb (Unterschied von der Rhodanwasserstoffsäure); Ammoniak scheidet aus derselben alles Eisen als Oxyd ab. (Unterschied von der Citronensäure, Weinsäure etc.)

Silbernitrat gibt in der Lösung eines neutralen Acetats einen weissen, krystallinischen Niederschlag von Silberacetat, welcher sich beim Kochen der Flüssigkeit löst und beim Erkalten in Form glänzender Blättchen ausgeschieden wird. Freie Essigsäure wird nicht gefällt.

$$NaC_2H_3O_2 + AgNO_3 = AgC_2H_3O_2 + NaNO_3.$$

Quecksilberoxydulnitrat bringt in der Lösung eines Acetats oder in freier Essigsäure einen weissen, schuppig krystallinischen Niederschlag von Quecksilberoxydulacetat hervor, im Ueberschuss des Fällungsmittels löslich.

$$2NaC_2H_3O_2 + Hg_2(NO_3)_2 = Hg_2(C_2H_3O_2)_2 + 2NaNO_3.$$

Das Quecksilberoxydulacetat ist in kochendem Wasser unter partieller Zersetzung auflöslich und scheidet sich beim Erkalten der Flüssigkeit wieder krystallinisch aus. Der ausgeschiedene Niederschlag ist indess in Folge beigemengten, metallischen Quecksilbers grau gefärbt.

Quecksilberchlorid erzeugt keine Fällung.

Auf Zusatz von *verdünnter Schwefelsäure* und Erwärmen der Flüssigkeit wird die Essigsäure aus ihren Verbindungen ausgetrieben und gibt sich leicht durch ihren Geruch zu erkennen.

Erwärmt man die Lösung eines Acetats mit einem Gemisch von *Alkohol* und *concentrirter Schwefelsäure*, so bildet sich Essigäther, welcher sich durch einen sehr angenehmen, charakteristischen Geruch auszeichnet.

$$NaC_2H_3O_2 + C_2H_5(OH) + H_2SO_4 = (C_2H_5)C_2H_3O_2$$
$$+ NaHSO_4 + H_2O.$$

Wird ein essigsaures Salz mit *arseniger Säure* im Glasröhrchen erhitzt, so entsteht Kakodyloxyd, welches sich durch seinen widrigen Geruch charakterisirt. (Siehe arsenige Säure S. 31.)

Milchsäure $C_3H_6O_3$.

Farblose, syrupdicke Flüssigkeit vom spec. Gewicht 1,215, in Wasser, Alkohol und Aether in allen Verhältnissen löslich. Bei der Destillation zerfällt dieselbe in Lactid, Aldehyd, Kohlenoxyd und Wasser. Beim Erhitzen mit verdünnter Schwefelsäure geht sie in Aldehyd und Ameisensäure über; mit concentrirter Schwefelsäure entwickelt dieselbe reines Kohlenoxydgas. Durch Kochen mit Salpetersäure wird die Milchsäure in Oxalsäure übergeführt.

Sämmtliche milchsauren Salze (Lactate) sind in Wasser löslich und können bis auf 170° ohne Zersetzung erhitzt werden. Die milchsauren Alkalien sind nicht krystallisirbar. Die einzigen schwerlöslichen milchsauren Salze sind das Calcium- oder Zinklactat.

Ersteres Salz wird durch Kochen der Milchsäure mit Calciumcarbonat erhalten und scheidet sich beim Erkalten der concentrirten Flüssigkeit als weisse, harte Körnchen aus. Calciumlactat ist in heissem Wasser und Alkohol löslich. Unter dem Mikroskop betrachtet, bildet dasselbe Büschel feiner Nadeln, von denen je zwei so an einander gelagert sind, dass sie mit den kurzen Stielen in einander übergehenden Besen oder Pinseln gleichen. (Funke.)

Zinklactat entsteht durch Kochen der Milchsäure mit Zinkcarbonat. Beim Erkalten scheidet sich, wenn die Lösung concentrirt war, das Salz in krystallinischen Krusten, sonst in feinen spiessigen Nadeln aus. Da das Zinklactat in Alkohol fast unlöslich ist, so kann dieses Verhalten zur Abscheidung desselben aus verdünnten Lösungen benutzt werden.

Lässt man einen Tropfen der Zinklactatlösung auf einem Objectivglas langsam verdunsten, so beobachtet man unter dem Mikroskop die Ausscheidung tannen- und keulenförmiger Krystalle, welche Formen für dieses Salz charakteristisch sind.

Zur Nachweisung der Milchsäure in thierischen Flüssigkeiten u. s. f., concentrirt man dieselben durch Eindampfen, fügt Barytwasser hinzu und filtrirt den Niederschlag ab. Das Filtrat wird, zur Verjagung etwa vorhandener flüchtiger Säuren, mit Schwefelsäure destillirt, der Rückstand mit Alkohol übergossen und einige Tage stehen gelassen. Man dampft alsdann auf Zusatz von Kalkmilch zur Trockne, löst den Rückstand in heissem Wasser, filtrirt ab und leitet, zur Fällung des Kalks, Kohlensäure in das Filtrat. Das Calciumcarbonat wird, nach dem Kochen der Flüssigkeit, abfiltrirt, das Filtrat zur Trockne abgedampft und der Rückstand mit heissem Alkohol extrahirt. Lässt man diesen langsam verdunsten, so scheiden sich Krystalle von Calciumlactat aus, welche mikroskopisch untersucht werden können.

Ist nur wenig Milchsäure vorhanden und werden keine Krystalle ausgeschieden, so dampft man die alkoholische Lösung zur Syrupdicke ein, fügt absoluten Alkohol hinzu und lässt stehen, wodurch ein dunkler Niederschlag (Extractivstoff mit Kalk) ausgeschieden wird. Giesst man die Flüssigkeit ab und fügt etwas Aether hinzu, so werden selbst Spuren von Calciumlactat ausgeschieden, welche ebenfalls mikroskopisch zu untersuchen sind. (Scherer.)

Oxalsäure $C_2H_2O_4 + 2H_2O$.

Farblose, nadel- oder säulenförmige Krystalle, welche in Wasser sowie in Alkohol leicht löslich sind und beim Erwärmen ihr Krystallwasser vollständig verlieren. Durch vorsichtiges Erhitzen auf 150—160 ^{0} lässt sich die entwässerte Säure sublimiren, beim stärkeren Erhitzen schmilzt dieselbe und zersetzt sich schliesslich in Kohlensäure, Kohlenoxyd, Ameisensäure und Wasser.

Mit concentrirter Schwefelsäure erwärmt, zerfällt sie, ohne Abscheidung von Kohle, in Kohlensäure und Kohlenoxydgas; beim Erhitzen mit verdünnter Schwefelsäure auf Zusatz von *Mangansuperoxyd* oder *Kaliumpermanganat* entsteht ausschliesslich Kohlensäure.

$$C_2H_2O_4 + MnO_2 + H_2SO_4 = 2CO_2 + MnSO_4 + 2H_2O.$$
$$5C_2H_2O_4 + 2KMnO_4 + 3H_2SO_4 = 10CO_2 + 2MnSO_4 + K_2SO_4 + 8H_2O.$$

Dieselbe Zersetzung erleiden die oxalsauren Salze (Oxalate), welche beim Glühen ebenfalls, unter Entwickelung von Kohlensäure und Kohlenoxyd, zerlegt werden. Der Rückstand enthält entweder Carbonat, wie die Verbindungen der Alkalien und alkalischen Erden mit Ausnahme der Magnesia, Oxyd oder Metall, je nach der Reducirbarkeit des betreffenden Metalloxyds.

Von den Oxalaten sind die der Alkalien (auch einige der schweren Metalle) in Wasser löslich. Die unlöslichen oxalsauren Salze können sämmtlich durch Kochen mit einer Lösung von Natriumcarbonat aufgeschlossen werden. Der Rückstand enthält Carbonat, während die Oxalsäure als Natriumoxalat in Auflösung geht.

Oxalsäure oder lösliche Oxalate werden durch Kali nicht gefällt. (Unterschied von Weinsäure.)

Kalkwasser oder lösliche Kalksalze (Chlorcalcium, Calciumsulfat) fällen weisses Calciumoxalat, unlöslich in Essigsäure. In sehr verdünnten Auflösungen entsteht der Niederschlag erst nach einiger Zeit.

$$Na_2C_2O_4 + CaCl_2 = CaC_2O_4 + 2NaCl.$$

Silbernitrat erzeugt weisses Silberoxalat, löslich in Salpetersäure und Ammoniak.

$$Na_2C_2O_4 + 2AgNO_3 = Ag_2C_2O_4 + 2NaNO_3.$$

Zur Auffindung der Oxalsäure in thierischen Substanzen (Sedimenten etc.), in welchen sie meist als Calciumoxalat vorkommt, wird mit verdünnter Chlorwasserstoffsäure ausgezogen, die filtrirte Lösung mit Chlorcalcium und Ammoniak versetzt und hierauf mit Essigsäure übersättigt. Um sicher zu sein, dass der entstandene Niederschlag von Calciumoxalat nicht auch Calciumphosphat enthält, wird er nochmals in Chlorwasserstoffsäure gelöst, wieder mit Ammoniak und hierauf mit Essigsäure im Ueberschuss versetzt.

Im Harn lässt sich die Oxalsäure am einfachsten dadurch nachweisen, dass man mit etwas Essigsäure ansäuert und hierauf eine Lösung von Calciumacetat zusetzt, wodurch Calciumoxalat ausgeschieden wird. Die Flüssigkeit muss 24 Stunden stehen.

Weinsäure $C_4H_6O_6$.

Krystallisirt in klaren, schiefen rhombischen Prismen von scharf saurem Geschmack, in Wasser und Alkohol löslich. Beim Erhitzen bis auf 170° schmilzt dieselbe, stärker erhitzt tritt, unter Abscheidung von Kohle, Zersetzung ein, deren Producte den charakteristischen Geruch nach verbranntem Zucker verbreiten.

Die neutralen weinsauren Salze (Tartrate) sind meist in Wasser löslich, die Hydrotartrate sind schwerer löslich; diese gehen indess durch Behandeln mit überschüssiger Kali- oder Natronlauge leicht in Auflösung. Chlorwasserstoffsäure oder Salpetersäure nehmen ebenfalls alle in Wasser unlöslichen Tartrate leicht auf.

Beim Erhitzen schwärzen sich die Salze und hinterlassen ein Gemenge von Kohle und Carbonat (z. B. Kaliumtartrat) oder Oxyd oder ein Metall (z. B. Kalium-Antimon-Tartrat, Brechweinstein).

Kali erzeugt in der Auflösung der freien Weinsäure zuerst einen weissen, krystallinischen Niederschlag von **Kalium-hydrotartrat** (Weinstein), welcher im Ueberschuss des Fällungsmittels sich leicht wieder löst.

$$KHO + C_4H_6O_6 = KHC_4H_4O_6 + H_2O.$$

In verdünnten Auflösungen bildet sich derselbe erst bei längerem Stehen. Umrühren der Flüssigkeit, oder Zusatz von Alkohol befördert die Fällung.

Hat man Tartrate in Auflösung, so versetzt man zur Prüfung auf Weinsäure mit *Kaliumacetat* und *Essigsäure*, worauf sich ebenfalls Kaliumhydrotartrat ausscheidet.

Chlorcalcium fällt aus der Lösung neutraler weinsaurer Salze weisses **Calciumtartrat**, löslich in Kali- oder Natron-lauge.

$$Na_2C_2H_4O_6 + CaCl_2 = CaC_4H_4O_6 + 2NaCl.$$

Beim Kochen dieser Lösung scheidet sich das Calcium-tartrat ab und verschwindet beim Erkalten der Flüssigkeit wieder. (Unterschied von Calciumoxalat.) Enthält die Flüssig-keit Ammoniaksalze, so kann die Fällung durch Chlorcalcium verzögert oder vollständig verhindert werden.

Kalkwasser bewirkt in der Lösung neutraler Tartrate einen weissen Niederschlag von **Calciumtartrat**, der beim längeren Stehen krystallinisch wird. Frisch gefälltes Calciumtartrat ist sowohl in freier Weinsäure, als auch in Chlorammonium auf-löslich. Die freie Säure wird nur dann gefällt, wenn man Kalkwasser bis zur alkalischen Reaction zufügt.

Calciumsulfat erzeugt in der Lösung der freien Weinsäure keine Fällung; in neutralen Tartraten entsteht erst nach längerer Zeit ein Niederschlag. (Unterschied von der Oxalsäure.)

Silbernitrat fällt aus der Lösung eines neutralen Salzes weisses flockiges S i l b e r t a r t r a t, in Salpetersäure und Ammoniak löslich.

$$Na_2C_4H_4O_6 + 2AgNO_3 = Ag_2C_4H_4O_6 + 2NaNO_3.$$

Beim Kochen der Flüssigkeit wird der Niederschlag in Folge ausgeschiedenen metallischen Silbers geschwärzt. Löst man denselben in wenig Ammoniak, fügt etwas festes Silbernitrat hinzu und erwärmt gelinde, so scheidet sich das Silber als Spiegel an den Glaswänden ab.

Freie Weinsäure wird durch Silbernitrat nicht gefällt.

Durch Erhitzen mit concentrirter Schwefelsäure werden die Tartrate, sowie die freie Weinsäure unter Abscheidung von Kohle und Entwickelung von Kohlenoxyd, Kohlensäure und schwefeliger Säure zersetzt.

Durch Schmelzen mit *Kalihydrat* wird die Weinsäure in E s s i g s ä u r e und O x a l s ä u r e zerlegt.

Zur Trennung der Weinsäure von der Oxalsäure versetzt· man die Auflösung mit Kalkwasser, wodurch beide Säuren gefällt werden. Behandelt man den Niederschlag mit Chlorammonium, so geht das Calciumtartrat in Auflösung.

Citronensäure $C_6H_8O_7 + H_2O$.

Die Citronensäure krystallisirt in farblosen durchsichtigen, rhombischen Prismen von starkem, angenehm saurem Geschmack, welche in Wasser und Alkohol leicht, in Aether schwer löslich sind. Dieselbe schmilzt bei 100^0 in ihrem Krystallwasser, stärker erhitzt, tritt unter Abscheidung von Kohle und Entwickelung von Kohlensäure, Kohlenoxyd und Aceton, Zersetzung ein. Die auftretenden Dämpfe haben einen eigenthümlichen, stechenden Geruch, welcher von dem bei der verkohlenden Weinsäure entstehenden sehr verschieden ist.

Durch Erhitzen mit concentrirter Schwefelsäure werden die Citrate unter Entwickelung von Kohlensäure und Kohlenoxydgas zerlegt; Abscheidung von Kohle erfolgt jedoch erst nach längerem Kochen der Flüssigkeit.

Die citronensauren Salze sind meist in Wasser löslich.

Chlorcalcium erzeugt in der Lösung der freien Säure keine Fällung. Lösliche Citrate werden als weisses Calciumcitrat gefällt, in Kali- oder Natronlauge unlöslich, in Chlorammonium auflöslich. Wird die Lösung des Calciumcitrats in Chlorammonium bis zum Kochen erhitzt, so scheidet sich das Salz wieder aus und ist alsdann in Salmiak unlöslich. (Unterschied von der Weinsäure.)

$$2Na_3C_6H_5O_7 + 3CaCl_2 = Ca_3(C_6H_5O_7)_2 + 6NaCl.$$

Kalkwasser bringt weder in der Lösung der freien Säure, noch in der eines citronensauren Salzes eine Fällung hervor. Erhitzt man die Flüssigkeit längere Zeit zum Kochen, so scheidet sich Calciumcitrat aus, welches sich beim Erkalten wieder löst.

Bleiacetat, im Ueberschuss zugefügt, fällt weisses Bleicitrat, nach dem Auswaschen in Ammoniak auflöslich. (Unterschied von Bleimalat.)

$$2C_6H_8O_7 + 3Pb(C_2H_3O_2)_2 = Pb_3(C_6H_5O_7)_2 + 6C_2H_4O_2.$$

Silbernitrat fällt weisses, flockiges Silbercitrat, in kochendem Wasser löslich und sich beim Erkalten krystallinisch ausscheidend. Der Niederschlag wird durch Einwirkung des Lichts, jedoch nicht durch Kochen, geschwärzt.

$$Na_3C_6H_5O_7 + 3AgNO_3 = Ag_3C_6H_5O_7 + 3NaNO_3.$$

Besonders charakteristisch ist das Verhalten der Citronensäure gegen *Baryumacetat*. Fällt man ein lösliches Citrat, bei gewöhnlicher Temperatur oder in der Wärme, mit Baryumacetat, so entsteht ein amorpher Niederschlag von Baryumcitrat. Fügt man nach der Fällung einen Ueberschuss von Baryumacetat hinzu und erhitzt in einem bedeckten Gefäss mehrere Stunden im Wasserbade, so sinkt der ursprünglich voluminöse Niederschlag zu einem kleinen Volumen zusammen und wird körnig. Unter dem Mikroskop betrachtet, erscheint derselbe bei 250facher Vergrösserung, als aus klinorhombischen Prismen bestehend. Ist die zu fällende Flüssigkeit sehr verdünnt, so muss dieselbe auf Zusatz von Baryumacetat durch Eindampfen im Wasserbade concentrirt werden.

Dieses Verhalten der Citronensäure gestattet die Nachweisung derselben neben allen anderen Fruchtsäuren (Weinsäure etc.), welche sich gegen Baryumacetat indifferent verhalten.

Zur Nachweisung von kleinen Mengen von Citronensäure verfährt man, nach Sarandinaki, wie folgt. In einer kleinen Probirröhre übergiesst man die zu prüfende Substanz mit der sechsfachen Menge Ammoniak, schmilzt das Röhrchen zu und legt es etwa 6 Stunden in einen auf 110—120 ⁰ erhitzten Trockenkasten. Bei Gegenwart von Citronensäure färbt sich die Flüssigkeit blau, welche Farbe immer intensiver wird. Nach tagelangem Stehen geht die Farbe in grün, dann schmutzig grün über, bis schliesslich die Lösung sich verfärbt. Bei Gegenwart von Weinsäure entsteht nur die grüne Färbung. Diese Reaction ist auch anwendbar bei Gegenwart von Oxalsäure.

Zur Prüfung der Citronensäure auf Weinsäure schlägt Cailletet das Verhalten der Weinsäure gegen Kaliumbichromat vor. Durch letzteres Reagens wird die Lösung der Weinsäure unter Entwickelung von Kohlensäure tief purpurviolett bis schwarz gefärbt. Citronensäure färbt sich hierdurch sehr langsam kaffeebraun. Um die Probe auszuführen, giesst man in einen Reagircylinder etwa 10 CC. einer gesättigten Lösung von Kaliumbichromat, fügt etwa 1 g der zu prüfenden Säure hinzu und schüttelt. Ist die Citronensäure frei von Weinsäure, so wird die Farbe der Flüssigkeit nach etwa 10 Minuten nicht verändert; bei Gegenwart von Weinsäure wird die Flüssigkeit schwarzbraun (wenn der Gehalt an Weinsäure etwa 5 Proc. beträgt) bis kaffeebraun (bei einem Gehalt von etwa 1 Proc.).

Aepfelsäure $C_4 H_6 O_5$.

Die Aepfelsäure ist schwer krystallisirbar und scheidet sich aus ihren Lösungen gewöhnlich in blumenkohlartigen Krystallen aus. In Wasser und Alkohol ist dieselbe leicht, in Aether schwer löslich. Der Schmelzpunkt liegt bei 100°, bei 180°· zersetzt sie sich in Wasser, Fumarsäure, Maleïnsäure und Maleïnsäureanhydrid. Bewirkt man die Zersetzung im Glasröhrchen, so erhält man ein krystallinisches Sublimat von Maleïnsäure.

Die meisten Salze der Aepfelsäure (Malate) sind in Wasser löslich, die neutralen Alkalisalze sind zerfliesslich, das saure aepfelsaure Kali (Kaliumhydromalat) ist in Wasser leichter löslich, als die entsprechenden Verbindungen der Weinsäure und Traubensäure.

Beim Erhitzen auf 200° verlieren die aepfelsauren Salze Krystallwasser und gehen in fumarsaure Salze über.

Chlorcalcium erzeugt weder in der Lösung der freien Säure, noch nach dem Uebersättigen mit Ammoniak oder Natron eine Fällung. Kocht man indess die Flüssigkeit, so scheidet sich ein weisser Niederschlag von Calciummalat aus. Der Niederschlag mit Chlorcalcium entsteht sogleich, wenn man 1—2 Volumen Alkohol zu der Flüssigkeit hinzufügt.

Bernsteinsäure verhält sich ähnlich. Das aus alkoholischer Lösung gefällte Calciummalat hat indess die Eigenschaft, dass es beim vorsichtigen Erwärmen der Flüssigkeit sich harzartig zusammenballt und in Form von weichen Klümpchen an die Wandungen des Glases absetzt. Beim Erkalten der Flüssigkeit erhärten diese Klümpchen und lassen sich alsdann zu einem körnig krystallinischen Pulver zusammendrücken.

Kalkwasser bringt weder in der Lösung der freien Aepfelsäure, noch in der eines Malates eine Fällung hervor.

Bleiacetat fällt weisses B l e i m a l a t; der Niederschlag schmilzt in kochendem Wasser zu einer durchscheinenden, harzartigen Masse, welche nach längerem Stehen krystallinisch wird. (Unterschied von Oxalsäure, Weinsäure, Citronensäure.)

Silbernitrat fällt aus den Lösungen neutraler aepfelsaurer Alkalien weisses Silbermalat, welches, sowohl durch Einwirkung des Lichts, als auch beim Kochen, allmälich grau wird.

Durch Erhitzen mit concentrirter Schwefelsäure wird die Aepfelsäure zersetzt, indess tritt erst nach längerer Zeit Bräunung der Flüssigkeit ein.

Zur Trennung der Aepfelsäure von der Citronensäure versetzt man mit Kalkwasser und kocht. Es scheidet sich Calciumcitrat aus. In dem Filtrat schlägt sich nach Zusatz von Alkohol Calciummalat nieder. Zur weiteren Prüfung des Calciummalats wird dasselbe filtrirt, mit Alkohol ausgewaschen, in Wasser, welchem man Ammoniumnitrat zugefügt hat, gelöst, Bleiacetat zugesetzt und filtrirt. Das Bleimalat wird nach dem Auswaschen mit Schwefelwasserstoff zersetzt, das Schwefelblei abfiltrirt und das Filtrat durch Eindampfen concentrirt. Diese Flüssigkeit kann zur näheren Prüfung auf Aepfelsäure benutzt werden. Anstatt das Calciumcitrat durch Kochen zu fällen, versetzt man besser die Auflösung beider Säuren mit Chlorcalcium und fügt nach und nach unter Umschütteln Alkohol hinzu, bis eben ein Niederschlag von Calciumcitrat auftritt. Filtrirt man nun ab, so entsteht im Filtrat, nach dem Uebersättigen mit Alkohol, der Niederschlag von Calciummalat. (Barfoed.)

Ist neben der Aepfelsäure gleichzeitig Oxalsäure, Weinsäure und Citronensäure vorhanden, so können die beiden ersteren Säuren nicht gut durch Kalkwasser vorher ausgefällt werden, indem die Citronensäure die vollständige Abscheidung dieser Säuren verhindert. Zur Trennung führt man dieselben in Ammoniaksalze über, concentrirt durch Eindampfen, neutralisirt den Rückstand nochmals mit Ammoniak und fügt 7—8 Volumen starken Alkohol hinzu. Es werden hierdurch Ammoniumoxalat, -tartrat und -citrat ausgeschieden, während Ammoniummalat in Auflösung bleibt. Nach 24 Stunden wird filtrirt und das Filtrat mit Bleiacetat gefällt. Den Niederschlag von Bleimalat behandelt man, wie oben angegeben. (Barfoed.)

Harnsäure $C_5H_4N_4O_3$.

Die Harnsäure bildet ein leichtes, weisses, aus feinen Krystallschuppen bestehendes Pulver, ohne Geruch und Geschmack, in Wasser sehr schwer, in Alkohol und Aether garnicht löslich. In verdünnten Alkalien löst sich die Säure leicht. Aus der Lösung derselben in concentrirter Schwefelsäure krystallisirt beim Erkalten eine zerfliessliche Verbindung von Harnsäure mit Schwefelsäure. ($C_5H_4N_4O_3 + 2H_2SO_4$.)

Im Glasröhrchen erhitzt, wird die Säure zersetzt. Die Zersetzungsproducte sind Harnstoff, Cyanursäure, Cyanammonium, welche sich als Sublimat ansetzen und Cyanwasserstoffsäure, die sich durch den Geruch leicht zu erkennen gibt. Mit Kalihydrat geschmolzen, entwickelt die Harnsäure Ammoniak; der Rückstand enthält Cyankalium und Kaliumcyanat.

In *Salpetersäure* wird dieselbe leicht unter Zersetzung gelöst, die Lösung enthält hauptsächlich Alloxantin. Verdampft man diese vorsichtig zur Trockne, so geht das Alloxantin zum Theil in Alloxan über. Nach dem Befeuchten des Rückstandes mit Wasser und Anblasen mit *Ammoniak* wird derselbe purpurroth gefärbt (Murexid). Auf Zusatz von *Kali* geht die Farbe des Murexids in Purpurblau über. (Sehr charakteristisch.) Anstatt Salpetersäure kann man auch Bromwasser anwenden. Man übergiesst das auf Harnsäure zu prüfende Sediment mit einigen Tropfen Bromwasser, lässt einige Zeit einwirken und verdunstet im Wasserbade. Bei Gegenwart von Harnsäure resultirt ein ziegelrother Rückstand, welcher mit einigen Tropfen Kalilauge schön blau wird und mit Ammoniak die Murexidreaction gibt.

Aus der Lösung eines harnsauren Salzes scheiden verdünnte Säuren (Chlorwasserstoffsäure, Essigsäure) Harnsäure krystallinisch aus. Löst man die Krystalle in Kalium- oder Natriumcarbonat und fügt etwas Silbernitrat hinzu, so wird augenblicklich metallisches Silber ausgeschieden.

Salicylsäure. Ortho-Oxybenzoësäure $C_7 H_6 O_3$.

Die Salicylsäure krystallisirt aus alkoholischer Lösung in farblosen vierseitigen Prismen, aus heisser wässeriger Lösung in grossen Nadeln. Dieselbe ist geruchlos und hat einen süsslichsauren Geschmack. In kaltem Wasser ist sie wenig, in heissem Wasser, sowie in Alkohol und Aether leicht löslich. Schmelzpunkt 155°.

Durch vorsichtiges Erhitzen lässt sich die Säure unzersetzt sublimiren, erhitzt man rasch, so zerfällt sie etwa bei 230° in Kohlensäure und Phenol.

Chromsäure oxydirt die Verbindung leicht zu Kohlensäure und Wasser.

Gegen *Eisenoxydsalze* verhält sich die Salicylsäure, wie die salicylige Säure.

Silbernitrat erzeugt einen weissen Niederschlag.

Pikrinsäure. Trinitrophenol $C_6 H_2 (NO_2)_3 OH$.

Die Pikrinsäure bildet gelbe, glänzende Prismen oder Blättchen von intensiv bitterem Geschmack, in kaltem Wasser schwer, in heissem Wasser, sowie in Alkohol und Aether leicht löslich. Ihr Schmelzpunkt liegt bei 122,5°; durch vorsichtiges Erhitzen lässt sie sich sublimiren, während sie beim raschen Erhitzen verpufft.

Die Salze der Pikrinsäure sind gelb, sie explodiren beim Erhitzen, einige auch durch Stoss, äusserst heftig. Das Kaliumsalz ist in Wasser schwer löslich.

Fügt man eine *ammoniakalische Kupferlösung* zu Pikrinsäure, so entsteht, selbst wenn letztere Lösung sehr verdünnt ist, ein grüner Niederschlag.

Durch Einwirkung von *Zink* und verdünnter *Schwefelsäure* auf eine Pikrinsäurelösung in der Wärme entsteht, wenn das Filtrat auf Zusatz von Kaliumhydrocarbonat erhitzt wird, eine tief blauviolette Färbung. Die Farbe geht allmälich in Braun über, und schliesslich scheidet sich ein schwarzer, in Alkalien unlöslicher Niederschlag ab.

Versetzt man eine Lösung von *Traubenzucker* mit etwas *Natronlauge* und erwärmt bis auf ungefähr 90 °, fügt alsdann Pikrinsäurelösung hinzu, so erhält man eine blutroth gefärbte Flüssigkeit. (Braun; siehe auch Traubenzucker.)

Eine ähnliche Färbung entsteht, wenn man Pikrinsäure mit *Ferrocyankalium* erwärmt, den entstehenden Niederschlag von Kaliumpikrat in Ammoniak löst und alsdann kocht.

Gerbsäure. Gallusgerbsäure $C_{27}H_{22}O_{17}$.

Farbloses, amorphes Pulver von zusammenziehendem Geschmack, in Wasser und Alkohol leicht, in Aether schwer löslich. Die wässerige Lösung zersetzt sich leicht bei Luftzutritt unter Bräunung.

Beim Kochen mit verdünnten Säuren spaltet sich die Gerbsäure in Gallussäure und Zucker. Alkalien bewirken dieselbe Zersetzung, nur mit dem Unterschiede, dass bei längerer Einwirkung das Kali auch zersetzend auf den Zucker einwirkt.

Durch Erhitzen geht die Gerbsäure in Pyrogallussäure über, welche sublimirt.

Die Alkalisalze der Gerbsäure sind in Wasser löslich; die Lösungen werden ebenfalls durch Einwirkung der Luft zersetzt und färben sich rasch roth und braun.

In *Leimlösung* bewirkt Gerbsäure eine weisse Fällung. Der Niederschlag ist in überschüssiger Leimlösung beim Erwärmen löslich.

Alkaloide, Stärke und *Eiweiss* werden durch Gerbsäure ebenfalls gefällt.

Eisenoxydsalze (Eisenchlorid) erzeugen in der Auflösung der Gerbsäure einen blauschwarzen Niederschlag.

Eisenoxydulsalze verhalten sich indifferent; erst durch Einwirkung der Luft wird ein Niederschlag ausgeschieden.

Fügt man zu einem Tropfen Gerbsäurelösung einen Cubikcentimeter *Jodlösung*, wozu man etwa $\frac{1}{100}$ Normal-Jodlösung oder noch verdünntere anwenden kann, und schüttelt, so erhält man eine farblose Flüssigkeit. Wird diese mit einem Tropfen stark verdünntem *Ammoniak* versetzt, so entsteht sofort, oder beim leisen Schütteln, eine brillantrothe, im auffallenden Licht carmoisinroth gefärbte Flüssigkeit. (Griessmayer.)

Gallussäure $C_7H_6O_5$.

Krystallisirt aus wässeriger Lösung in feinen, seideglänzenden Prismen, von schwach saurem, adstringirendem Geschmack. In kaltem Wasser und Aether schwer, in kochendem Wasser und Alkohol leicht löslich.

Die Säure schmilzt bei 200° und spaltet sich bei 210 bis 220° in Kohlensäure nnd Pyrogallussäure.

Die Salze der Gallussäure verändern sich weder im trockenen Zustande, noch in saurer Auflösung durch Einwirkung der Luft, während sie in alkalischer Lösung Sauerstoff aufnehmen und sich bräunen.

Gegen *Eisenoxydsalze* verhält sich die Gallussäure, wie die Gerbsäure.

Goldchlorid und *Silbernitrat* werden durch Gallussäure unter Abscheidung der Metalle reducirt.

Von der Gerbsäure unterscheidet sich die Gallussäure noch vorzugsweise dadurch, dass letztere die Auflösungen der *Alkaloide*, sowie *Leimlösung* nicht fällt. Von concentrirter Schwefelsäure wird die Gallussäure gelöst; beim Verdünnen mit Wasser entsteht ein rothbrauner, krystallinischer Niederschlag von Rufigallussäure.

Pyrogallussäure. Pyrogallol $C_6H_6O_3$.

Die Pyrogallussäure bildet glänzende, farblose Blätter oder Nadeln von bitterem Geschmack, in Wasser, Alkohol und Aether löslich.

Die Säure schmilzt bei 115° und kann unzersetzt sublimirt werden. In saurer Auflösung verändert sie sich nicht, bei Gegenwart von Alkalien nimmt sie Sauerstoff aus der Luft auf und wird rasch braun und schwarz.

Eisenchlorid erzeugt in der Auflösung der Pyrogallussäure eine rothe Färbung. (Unterschied von der Gerbsäure und der Gallussäure.)

Eisenoxydulsulfat bringt eine blaue Färbung hervor. (Unterschied von der Gerbsäure und Gallussäure.)

Kalkmilch färbt die Lösung der Pyrogallussäure zuerst schön roth, nachher braun.

Gegen *Goldchlorid* und *Silbernitrat* verhält sich die Pyrogallussäure wie die Gallussäure.

Alkaloide.

Fast alle Alkaloide geben mit gewissen Reagentien, selbst in ganz verdünnten Lösungen, Niederschläge, welche geeignet sind zu entscheiden, ob in einer Flüssigkeit überhaupt ein Alkaloid enthalten ist oder nicht. Diese Niederschläge zeichnen sich indess nicht, was äussere Eigenschaften anbelangt, so aus, dass sie zur Erkennung eines bestimmten Alkaloids dienen können, weshalb die nachfolgenden Reagentien nur als allgemeine angesehen und angewendet werden können.

Zu diesen gehören:

Phosphormolybdänsäure, welche in den Auflösungen der Alkaloide gelbliche (braungelb, ockergelb, weissgelb, citrongelb) Niederschläge erzeugt. Diese Niederschläge sind in verdünnten Säuren unlöslich und werden gewöhnlich in der mit Salpetersäure angesäuerten Lösung hervorgebracht. Auf Zusatz von Alkalien werden dieselben, meist unter Ausscheidung des Alkaloids, zersetzt.

Zur Darstellung der Phosphormolybdänsäure fällt man die salpetersaure Lösung von Ammoniummolybdat mit Natriumphosphat, filtrirt den Niederschlag ab, wäscht aus und suspendirt denselben in einer Lösung von Natriumcarbonat. Nach erfolgter Auflösung wird die Flüssigkeit eingedampft und zur Verjagung der Ammoniaksalze geglüht. Tritt hierbei Reduction von Molybdänsäure ein, so befeuchtet man den Rückstand mit Salpetersäure und glüht wiederholt. Schliesslich wird derselbe in Wasser, auf Zusatz von Salpetersäure gelöst und filtrirt. Die Concentration der Lösung wählt man so, dass auf 1 Thl. Rückstand 10 Thl. Wasser kommen.

Metawolframsäure. Dieselbe bringt vorzugsweise weisse, flockige Niederschläge hervor, welche weniger beständig, als die der Phosphormolybdänsäure und durchschnittlich leichter löslich sind. Chinin und Strychnin werden selbst aus ganz verdünnter Lösung ($^1/_{300000}$) noch gefällt.

Zur Darstellung der Metawolframsäure trägt man in die kochende Lösung eines wolframsauren Alkalis so lange Wolframsäure ein, bis keine Lösung mehr stattfindet. Die Flüssigkeit wird durch Abdampfen concentrirt und mit Chlorbaryum versetzt, wodurch ein krystallinischer Niederschlag von metawolframsaurem Baryt entsteht. Dieses Salz wird mit Schwefelsäure zersetzt, das Baryumsulfat abfiltrirt und das Filtrat über Schwefelsäure verdunstet, wobei sich die Metawolframsäure krystallinisch ausscheidet, welche leicht in Wasser löslich ist.

Phosphorantimonsäure erzeugt ebenfalls weisse Niederschläge (mit Ausnahme des Atropins).

Das Reagens wird erhalten, indem man Antimonchlorid in wässerige Phosphorsäure oder Natriumphosphatlösung tröpfelt.

Kaliumquecksilberjodid gibt mit den meisten Alkaloiden weisse oder gelbliche, theils amorphe, theils krystallinische Niederschläge. Dieses Reagens eignet sich besonders zur Nachweisung von Nicotin und Coniin, welche zuerst amorph und nach längerem Stehen (24 Stunden) deutlich krystallinisch gefällt werden.

Man erhält dasselbe durch Auflösen von 13,5 g Quecksilberjodid und 49,8 g Jodkalium in 1 Liter Wasser.

Kaliumwismuthjodid, welches in den mit Schwefelsäure angesäuerten Lösungen der Alkaloide orangerothe, amorphe Niederschläge erzeugt. Digitalin, Veratrin, Narceïn und Solanin werden durch dieses Reagens nicht gefällt.

Zur Bereitung desselben löst man Wismuthjodid in concentrirter, warmer Lösung von Jodkalium und fügt ebensoviel Jodkaliumlösung hinzu, als zur Lösung des Wismuthjodids erforderlich war.

Kaliumcadmiumjodid, welches man wie das Wismuthdoppelsalz darstellen kann, bringt selbst in den ganz verdünnten wässerigen Lösungen Niederschläge hervor, die bei längerem Stehen meist krystallinisch werden. ·

Platinchlorid. Die Verbindungen sind entweder gelb, gelblichweiss oder grau.

Goldchlorid, welches sich dem Platinchlorid analog verhält.

Flüchtige Alkaloide.

Nicotin $C_{10}H_{14}N_2$.

Bestandtheil der Tabaksblätter. Es bildet eine durchsichtige, farblose, ölige Flüssigkeit, von starkem, dem Tabak ähnlichem Geruch, welche allmälich Sauerstoff aus der Luft aufnimmt, braun und dickflüssig wird. Das specifische Gewicht des reinen Nicotins beträgt bei 4^0 1,033. In Wasser, Alkohol, Aether, Terpentinöl, sowie in verdünnten Säuren ist dasselbe leicht löslich; mit den letzteren bildet es nicht flüchtige, zum Theil krystallisirbare Salze.

Versetzt man die Lösung eines Nicotinsalzes mit *Kali-* oder *Natronlauge* und schüttelt mit *Aether,* so wird das Nicotin frei und geht in denselben über. Beim Verdunsten des Aethers bleibt das Alkaloid als öliger Tropfen zurück und wird beim Erwärmen mit einigen Tropfen *Chlorwasserstoffsäure* vom spec. Gewicht 1,12 braun bis braunroth gefärbt. Dampft man diese Lösung bis zur Syrupdicke ein, fügt nach dem Erkalten *Salpetersäure* vom spec. Gewicht 1,3 hinzu, so erhält man eine violettrothe Färbung, welche allmälich in Braun und Orange übergeht.

Aus einer ätherischen Nicotinlösung von 1 : 100 scheidet eine *ätherische Jodlösung* nach einigen Minuten lange Krystallnadeln aus. Ist die Flüssigkeit verdünnter (1 : 150), so entsteht anfangs eine Trübung, alsdann ein brauner, amorpher Niederschlag, welcher sich nach mehreren Stunden in lange Krystallnadeln umwandelt. Sind die Lösungen noch verdünnter, so entsteht anfänglich gar keine Trübung; nach längerer Zeit scheiden sich indess deutlich nadelförmige Krystalle ab.

Platinchlorid fällt aus wässeriger Nicotin- oder Nicotin-salzlösung einen weisslichgelben, flockigen Niederschlag. Beim Erwärmen der Flüssigkeit löst sich derselbe zwar auf, schei-det sich aber beim fortgesetzten Erwärmen als röthlichgelbes, krystallinisches Pulver wieder ab.

Die mit Chlorwasserstoffsäure angesäuerten Nicotinlösun-gen bleiben auf Zusatz von Platinchlorid vorerst klar, bei einigem Stehen setzen sich deutliche Krystalle des Doppel-salzes ab.

Goldchlorid im Ueberschuss zugefügt, bringt in wässeriger Nicotinlösung einen röthlichgelben, in verdünnter Chlorwasser-stoffsäure schwer löslichen Niederschlag hervor.

Kaliumquecksilberjodid bewirkt in der Lösung anfangs einen weissen, amorphen Niederschlag, welcher sich bald harzig zusammenballt und fest an die Wandungen des Glases anlegt. Nach längerem Stehen (24—36 Stunden) hat eine Umlagerung des Niederschlages zu schön ausgebildeten, oft halbzolllangen Krystallen stattgefunden. (Charakteristisch für Nicotin und Coniin.)

Eine Auflösung von *Jod* in *Jodkalium* erzeugt, in gerin-ger Menge zugesetzt, einen gelben Niederschlag, welcher nach einiger Zeit verschwindet. Auf Zusatz von überschüssiger Jodlösung entsteht eine braune Fällung, ebenfalls vorüber-gehend.

Gerbsäure fällt einen weissen Niederschlag, in verdünnter Chlorwasserstoffsäure löslich.

Coniin C$_8$H$_{15}$N.

Bestandtheil des gefleckten Schierlings. Es bildet, wie das Nicotin, eine wasserhelle, ölige Flüssigkeit von starkém, widerlichem Geruch und Geschmack, welche durch Einwirkung der Luft bald braun wird. Das spec. Gewicht beträgt 0,89. In Alkohol, Aether, Amylalkohol, Benzol, Chloroform, sowie in verdünnten Säuren ist dasselbe leicht, in Wasser schwerer löslich, weshalb die alkoholische Auflösung des Coniins auf Zusatz von Wasser getrübt wird. (Unterschied von Nicotin.)

Wird die wässerige Lösung mit *Natronlauge* versetzt und mit *Aether* geschüttelt, so geht das Coniin in denselben über, und scheidet sich beim Verdunsten der Lösung als öliger Tropfen aus.

Durch Einwirkung von verdünnter *Chlorwasserstoffsäure* erhält man chlorwasserstoffsaures Coniin, welches leicht krystallisirbar ist, und sich nach kurzer Zeit in rhombischen Krystallen ausscheidet. Lässt man trockenes *Chlorwasserstoffgas* auf das Alkaloid einwirken, so wird letzteres zuerst purpurroth, und alsdann indigoblau gefärbt.

Platinchlorid erzeugt nur in ganz concentrirten Lösungen einen orangegelben Niederschlag, in Alkohol und Aether unlöslich. Verdünnte wässerige Coniinlösungen werden nicht gefällt. (Unterschied von Nicotin.)

Goldchlorid bringt einen gelblichweissen, in verdünnter Chlorwasserstoffsäure unlöslichen Niederschlag hervor.

Gegen *Kaliumquecksilberjodid*, sowie gegen eine Auflösung von *Jod* in *Jodkalium*, verhält sich das Coniin wie das Nicotin.

Versetzt man die wässerige Lösung des Alkaloids mit *Chlorwasser*, so entsteht eine starke, weisse Trübung. (Unterschied von Nicotin.)

Von Nicotin unterscheidet sich das Coniin vorzugsweise durch seinen Geruch, durch seine Schwerlöslichkeit in Wasser, sowie sein Verhalten gegen Chlorwasser.

Nicht flüchtige Alkaloide.

Alkaloide des Opiums.

Morphin $C_{17}H_{19}NO_3 + H_2O$.

Das Morphin bildet entweder feine, seidenglänzende Nadeln oder, wenn aus alkoholischer Lösung erhalten, farblose, sechsseitige, klinorhombische Säulen. In kaltem Wasser ist dasselbe schwer (1 Thl. Morphin in 1000 Thln. Wasser), in kochendem Wasser leichter löslich (1 Thl. in 4—500 Thln. Wasser). Die wässerigen Lösungen haben einen stark bitteren Geschmack und zeigen eine deutliche alkalische Reaction. Aether und Chloroform lösen es schwer, Benzol garnicht auf. Kalter Amylalkohol löst nur 0,3 Proc., heisser Amylalkohol mehr.

Das Morphin löst sich in Säuren, damit krystallisirbare Salze von bitterem Geschmack bildend, welche in Wasser und Alkohol leicht, in Aether und Amylalkohol unlöslich sind.

Löst man Morphin oder eine Morphinverbindung in *concentrirter Schwefelsäure* und erwärmt die Lösung eine halbe Stunde lang auf etwa 100 °, so wird dieselbe nach dem Erkalten, auf Zusatz einer geringen Menge verdünnter *Salpetersäure*, schön blauviolett. Diese Färbung geht bald in Blutroth und Orange über. Bei Anwendung von Schwefelsäure, welche pro Cubikcentimeter 1 Milligramm *Natriummolybdat* gelöst enthält, entsteht sofort eine schön violettroth gefärbte Flüssigkeit, welche nach und nach in Grün, Braungrün und Gelb übergeht; nach 24stündigem Stehen ist dieselbe blauviolett.

Salpetersäure von 1,4 spec. Gewicht löst Morphin mit oranger Farbe, welche allmälich in Hellgelb übergeht.

Versetzt man die Auflösung eines Morphinsalzes mit *Kali-* oder *Natronlauge*, so wird das Morphin ausgeschieden. Der Niederschlag ist im Ueberschuss des Fällungsmittels leicht löslich. Durch Schütteln der alkalischen Lösung mit *Aether* geht nur wenig Morphin in diesen über; wendet man warmen *Amylalkohol* an, so kann man der Lösung sämmtliches Morphin entziehen.

Durch Vermischen einer heissen Lösung von Morphinacetat mit wenigen Tropfen *Silbernitrat* wird m e t a l l i s c h e s Silber ausgeschieden. Filtrirt man dieses ab, so entsteht in dem Filtrat, auf Zusatz von *Salpetersäure*, eine blutrothe Färbung.

Neutrales Eisenchlorid erzeugt in neutralen Lösungen der Morphinsalze eine schön dunkelblaue Färbung. Enthält das Eisenchlorid oder das Morphinsalz freie Säure, so tritt die Reaction nicht ein.

Kaliumcadmiumjodid fällt zuerst einen weissen, amorphen Niederschlag, welcher beim längeren Stehen in seideglänzende Nadeln umgewandelt wird.

Goldchlorid bringt selbst in verdünnten Auflösungen eines Morphinsalzes eine gelbliche, später braungrün werdende Trübung hervor. Versetzt man die Lösung von Morphin oder eines Morphinsalzes mit *Jodsäure*, so wird Jod ausgeschieden. War die Lösung concentrirt, so scheidet sich das Jod als braune Flocken aus. Verdünnte Auflösungen werden von ausgeschiedenem Jod gelb bis gelbbraun gefärbt, und man kann in diesem Falle letzteres durch Schütteln der Flüssigkeit mit *Schwefelkohlenstoff* oder *Chloroform* nachweisen.

Versetzt man die auf Morphin zu prüfende Flüssigkeit mit Ammoniak bis zur alkalischen Reaction, fügt dann Kupferoxydammoniumlösung tropfenweise hinzu, bis die Flüssigkeit lichtblau gefärbt ist, kocht ein- bis zweimal auf, so ist bei Gegenwart von Morphin die Lösung grünblau gefärbt. Mit Hülfe dieser Reaction lässt sich noch 1 mg Morphin in 1000-facher Verdünnung nachweisen. Die Gegenwart von Strychnin, Narceïn, Chinin, Cinchonin, Narcotin, Codeïn, Veratrin, Atropin und Aconitin beeinträchtigen diese Reaction nicht. Bei Gegenwart dieser Körper können gleichzeitig Fällungen entstehen, ohne dass indess die grünblaue Färbung der Flüssigkeit influencirt wird (Nadler).

Zur Nachweisung von sehr geringen Mengen Morphin kann man auch folgendermaassen verfahren. Die auf Morphin zu prüfende trockne Substanz löst man in concentrirter Chlorwasserstoffsäure und dampft auf Zusatz einer geringen Menge von concentrirter Schwefelsäure bei 100—120 ⁰ ein. Die Flüssigkeit färbt sich hierdurch purpurroth. Fügt man nun eine neue Menge Chlorwasserstoffsäure hinzu und neutralisirt mit Natriumhydrocarbonat, so entsteht eine violette Färbung, welche beständig ist. Durch Schütteln dieser Flüssigkeit mit Aether lässt sich der violette Farbstoff nicht in denselben überführen. Versetzt man die violett gefärbte Flüssigkeit mit einigen Tropfen einer concentrirten Lösung von Jod in Jodwasserstoffsäure, so geht das Violett in Grün über. Schüttelt man die grüne Flüssigkeit mit Aether, so entsteht eine purpurgefärbte ätherische Lösung. Codeïn verhält sich wie Morphin; ersteres lässt sich aber durch Aether von Morphin trennen (Pellagri).

Codeïn $C_{18}H_{21}NO_3 + H_2O$.

Codeïn scheidet sich aus der ätherischen Lösung in rhombischen Krystallen aus. In Wasser ist dasselbe leichter löslich als Morphin. Alkohol und Aether lösen es ebenfalls leicht. Mit Säuren bildet das Codeïn leicht krystallisirbare Salze.

Versetzt man die Lösung eines Codeïnsalzes mit Kalilauge, so wird ein Theil des Alkaloids ausgeschieden.

Löst man dasselbe in *concentrirter Schwefelsäure* und erhitzt bis 150°, so entsteht eine dunkel braungrün gefärbte Flüssigkeit, welche nach dem Erkalten röthlich erscheint. Schwefelsäure, welcher man etwas Salpetersäure zugesetzt hat [1]), bewirkt eine blaue Lösung. Concentrirte Schwefelsäure, welche Natriummolybdat gelöst enthält (siehe Morphin), erzeugt zuerst eine schmutzig grüne, dann eine dunkelblaue Färbung, die nach langem Stehen in Gelb übergeht.

Salpetersäure von 1,4 spec. Gewicht löst das Codeïn mit gelber Farbe auf.

Palladiumchlorür erzeugt einen gelben Niederschlag, welcher durch Kochen der Lösung, unter Abscheidung von Palladium, zersetzt wird.

Gerbsäure bringt selbst in stark verdünnten Lösungen eine weisse Trübung hervor, welche auf Zusatz von Chlorwasserstoffsäure verschwindet.

Von Morphin unterscheidet sich Codeïn noch dadurch, dass dasselbe *Jodsäure* nicht reducirt und mit *Eisenchlorid* keine Färbung hervorbringt.

Thebaïn $C_{19}H_{21}NO_3$.

Thebaïn krystallisirt in weissen, quadratischen Blättchen, welche in Wasser unlöslich, in Benzol, Amylalkohol, Chloro-

---

[1]) Nach Erdmann, welcher diese Mischung als Reagens auf Alkaloide vorgeschlagen hat, wird dasselbe bereitet, indem man zu 100 CC. Wasser 6 Tropfen Salpetersäure von 1,25 spec. Gewicht zufügt. 10 Tropfen dieser Säure versetzt man mit 20 CC. concentrirter Schwefelsäure.

form schwer und in Alkohol, Aether, sowie in verdünnten Säuren leicht löslich sind. Die alkoholische Lösung reagirt alkalisch.

Kalilauge fällt das Thebaïn aus seinen Lösungen wieder aus.

Concentrirte Schwefelsäure löst dasselbe mit schön blutrother Farbe auf, welche allmälich gelbroth wird. Gegen *molybdänsäurehaltige Schwefelsäure* (siehe Morphin) verhält sich das Alkaloid wie gegen reine Schwefelsäure. (Unterschied von Morphin.) Durch *Salpetersäure* von 1,4 spec. Gewicht erfolgt die Lösung mit gelber Farbe.

Gegen *Eisenchloridlösung* verhält sich das Thebaïn indifferent. (Unterschied von Morphin.)

Papaverin $C_{20}H_{21}NO_4$.

Aus der Lösung in Alkohol oder Benzol krystallisirt das Papaverin in nadelförmigen oder schuppigen Krystallen. In Wasser ist dasselbe fast unlöslich, in kaltem Alkohol, Aether oder Amylalkohol schwer, in Benzol leicht löslich.

Durch *Kalilauge* wird die Base aus ihren Lösungen wieder ausgeschieden.

Auf Zusatz von *concentrirter Schwefelsäure* wird das Papaverin tief violettblau, bei überschüssiger Schwefelsäure entsteht eine violettrothe Flüssigkeit, welche sich sehr langsam entfärbt. Concentrirte Schwefelsäure, welche *Natriummolybdat* gelöst enthält, erzeugt eine violettrothe Flüssigkeit, welche nach und nach blau, gelblich und schliesslich farblos wird.

Kaliumcadmiumjodid erzeugt einen weissen, atlasglänzenden, schuppigen Niederschlag. (Unterschied von Morphin, welches selbst bei 1000facher Verdünnung einen aus schönen nadelförmigen Krystallen bestehenden Niederschlag liefert.)

Eisenchlorid bringt keine Färbung hervor.

Narcotin $C_{22}N_{23}NO_7$.

Krystallisirt in farblosen, glänzenden Prismen oder in zu Büscheln vereinigten Nadeln. Es schmilzt bei 170° und erstarrt beim langsamen Erkalten zu einer krystallinischen Masse. In Wasser ist das Narcotin unlöslich, in kaltem Alkohol, Aether und Amylalkohol schwer, in Benzol und Chloroform, besonders in letzterem, leicht löslich. Mit Säuren bildet die Base wenig beständige Salze, welche grösserentheils in Alkohol und Aether löslich sind. Die Auflösungen zeigen entschieden saure Reaction.

In den Lösungen der Narcotinsalze entsteht auf Zusatz von *Kalilauge* ein weisser, pulveriger Niederschlag von Narcotin, im Ueberschuss des Fällungsmittels unlöslich.

Concentrirte Schwefelsäure löst das Narcotin zuerst zu einer farblosen Flüssigkeit auf, welche bald hellgelb, alsdann röthlichgelb und bei langem Stehen roth wird. *Salpetersäurehaltige Schwefelsäure* (siehe Codeïn) erzeugt beim Erwärmen eine orange, dann mehr rothe Lösung; erhitzt man stärker, so entstehen vom Rande der Flüssigkeit aus blauviolette Streifen; beim beginnenden Verdampfen der Säure erscheint die Lösung intensiv violettroth. *Molybdänsäurehaltige Schwefelsäure* löst das Narcotin grün, die Flüssigkeit wird rasch braungrün, gelb und zuletzt röthlichgelb.

Chlorwasser färbt die Lösung eines Narcotinsalzes gelblichgrün; auf Zusatz von Ammoniak wird diese Flüssigkeit gelbroth.

Jodsäure wird durch Narcotin nicht reducirt; durch *Eisenchlorid* entsteht keine Färbung.

Narceïn $C_{23}H_{29}NO_9$.

Das Narceïn bildet lange, seidenglänzende Krystallnadeln, welche bei 145^0 schmelzen und krystallinisch erstarren. In kaltem Wasser ist es schwer, in kochendem leicht löslich. Dasselbe gilt von seiner Löslichkeit in Alkohol. In Aether ist das Alkaloid unlöslich.

Concentrirte Schwefelsäure färbt Narceïn sofort braun, in einem Ueberschuss von Säure löst es sich zu einer hellgelben Flüssigkeit. Auf Zusatz von *Salpetersäure* von 1,4 spec. Gewicht entsteht eine gelbe Lösung.

Erwärmt man Narceïn, bis ammoniakalische Dämpfe auftreten und löst den Rückstand in Wasser, so entsteht auf Zusatz von *Eisenchlorid* eine schön blaue Färbung.

Jodlösung erzeugt zuerst einen braunen Niederschlag, welcher sich allmälich heller färbt und krystallinisch wird. Bringt man den Niederschlag auf ein Filter und wäscht mit Wasser aus, oder entfernt das freie Jod vorsichtig mit *Ammoniak*, so wird derselbe blau.

Eine verdünnte Auflösung von *Jod* in *Jodkalium* färbt das feste Narceïn blau, durch welches Verhalten sich dasselbe von allen andern Opiumalkaloiden unterscheidet. Ist das Narceïn in Auflösung, so versetzt man zuerst mit *Kaliumzinkjodid* und fügt alsdann einen Tropfen *Jodlösung* hinzu. Auf diese Art lässt sich noch ein Theil in 2500 Theilen Wasser nachweisen.

Uebergiesst man Narceïn mit *Chlorwasser* und fügt unter Umrühren einige Tropfen Ammoniak hinzu, so entsteht eine tief blutrothe Färbung, welche auf erneutem Zusatz von Ammoniak oder durch Erwärmen nicht verschwindet (Vogel). Tannin verhält sich ebenso (Neubauer).

Kaliumbichromat bringt in der sauren Auflösung des Narceïns zuerst keine Veränderung hervor; nach einiger Zeit entsteht ein Niederschlag von deutlich krystallinischer Beschaffenheit.[1]

Alkaloide der Strychnosarten.

Strychnin $C_{21}H_{22}N_2O_2$.

Das Strychnin krystallisirt aus den Lösungen in Chloroform, Benzol oder Amylalkohol als weisse, glänzende rhombische Säulen. Wasser, absoluter Alkohol und Aether lösen es kaum, während Weingeist von 0,863 spec. Gewicht in der Siedhitze 10 Proc. aufnimmt. Verdünnte Säuren lösen das Alkaloid leicht, damit krystallisirbare Salze bildend, welche in Wasser löslich sind. Die wässerigen Salzlösungen reagiren stark alkalisch und besitzen einen intensiv bitteren Geschmack.

Auf Zusatz von *Kalilauge* entsteht in den Lösungen derselben
ein weisser Niederschlag von Strychnin, im Ueberschuss unlöslich. Das Alkaloid lässt sich unzersetzt sublimiren.

Löst man eine geringe Menge von Strychnin in *concentrirter Schwefelsäure*, setzt *Ceroxyduloxyd* hinzu [1]) und rührt
mit einem Glasstabe um, so entsteht eine schön blaue Lösung,
welche allmälich in's Violette übergeht und schliesslich dauernd
kirschroth wird. (Sonnenschein.)

Bringt man in die Lösung von Strychnin in concentrirter
Schwefelsäure einen kleinen Krystall von *Kaliumbichromat*
(oder andere Oxydationsmittel: Kaliumpermanganat, Ferridcyankalium, Bleisuperoxyd), so bilden sich beim Neigen der
Flüssigkeit von dem Krystall aus blauviolette Streifen; die
blaue Lösung geht allmälich durch Violett in Kirschroth über
und wird schliesslich wieder farblos. Morphin beeinträchtigt
oder verhindert die Reaction.

Zur Nachweisung von Strychnin neben Morphin fällt man
die Lösung mit *Ferridcyankalium*, filtrirt den Niederschlag von
ferridcyanwasserstoffsaurem Strychnin ab, wäscht aus, löst
denselben nach dem Trocknen in concentrirter Schwefelsäure
und prüft auf Strychnin.

In einer Auflösung von Strychnin in verdünnter Schwefelsäure erzeugt:

Quecksilberchlorid, einen weissen, krystallinischen Niederschlag.

Nitroprussidnatrium, eine lichtbraune, krystallinische Fällung.

Ferridcyankalium, einen grünlichgelben, krystallinischen
Niederschlag.

Chlorwasser, selbst in sehr verdünnten Auflösungen, eine
weisse Fällung, in Ammoniak löslich.

---

[1]) Zur Darstellung von Ceroxyduloxyd suspendirt man frischgefälltes
Ceroxydulhydrat in Kalilauge und leitet, unter Umrühren der Flüssigkeit,
so lange Chlorgas ein, bis das weisse Oxydulhydrat in das braungelbe
Oxyduloxyd übergegangen ist. Dieses wird abfiltrirt, ausgewaschen und
getrocknet.

Gerbsäure, einen weissen, dichten Niederschlag, in Chlorwasserstoffsäure löslich.

Brucin $C_{23}H_{26}N_2O_4 + 4H_2O$.

Brucin krystallisirt in schiefen, vierseitigen, durchsichtigen Säulen. Aus der Lösung in Benzol, Alkohol und Amylalkohol scheidet sich dasselbe amorph aus. In kaltem Wasser ist es schwer (1 Theil Brucin erfordert 850 Theile Wasser), in kochendem Wasser leichter löslich (1 : 500). Alkohol und Amylalkohol lösen es leicht, während es in Aether unlöslich ist.

In verdünnten Säuren ist das Alkaloid leicht löslich, es bildet damit krystallisirbare Salze, welche von Wasser aufgenommen werden. *Kalilauge* fällt aus den Lösungen derselben einen weissen Niederschlag von Brucin, im Ueberschuss des Fällungsmittels unlöslich.

Brucin lässt sich, wie das Strychnin, unzersetzt sublimiren.

Durch Auflösen der Base in *salpetersäurehaltiger concentrirter Schwefelsäure* (siehe S. 148), erhält man eine intensiv rothgefärbte Flüssigkeit. Löst man dieselbe in reiner *concentrirter Schwefelsäure* und fügt *Ceroxyduloxyd* hinzu, so entsteht sofort eine orange Flüssigkeit, welche nach und nach hellgelb wird.

Wird die schwefelsaure Lösung der Base unter einer Glasglocke der Einwirkung von *Bromdampf* ausgesetzt, so färbt sich dieselbe am Rande braun und nach 24 Stunden gelbbraun.

Versetzt man eine farblose Brucinlösung mit *verdünnter Schwefelsäure*, fügt gepulverten *Braunstein* hinzu, lässt diesen unter Umrühren der Flüssigkeit mehrere Stunden einwirken und filtrirt, so ist das Filtrat, je nach der Menge von Brucin, gelblichroth bis blutroth gefärbt. *Pikrinsäure* erzeugt in der filtrirten Lösung eine gelbliche amorphe Fällung. *Kaliumbichromat* (bei Abwesenheit von Strychnin) keine Fällung. Kocht man das Filtrat mit *concentrirter Salpetersäure* und fügt zu der erhaltenen gelben Flüssigkeit *Zinnchlorür*, so färbt sich dieselbe violettroth.

Salpetersäure vom spec. Gewicht 1,4 löst das Brucin oder seine Verbindungen zu einer blutrothen Flüssigkeit, welche bald gelbroth und beim Erwärmen gelb wird. Versetzt man dieselbe mit *Zinnchlorür* oder *Schwefelammonium*, so geht die gelbe Farbe der Lösung in eine intensiv rothviolette über.

Wird eine kleine Menge Brucin auf einem Objectivglas mit verdünnter Auflösung von *Kaliumbichromat* zusammengebracht, so beobachtet man unter dem Mikroskop die Entstehung hochgelber, säulenförmiger Krystalle, welche oft sternförmig übereinander gelagert auftreten.

Versetzt man die Lösung von Brucin mit *Chlorwasser*, oder leitet man *Chlorgas* ein, so entsteht eine schön rosenroth gefärbte Flüssigkeit, welche auf Zusatz von *Ammoniak* gelbbraun wird.

Ferridcyankalium fällt aus Brucinsalzlösungen einen gelben, krystallinischen Niederschlag.

Zur Trennung des Strychnins von Brucin behandelt man die Alkaloide mit *absolutem Alkohol*, worin sich das Letztere löst, während das Strychnin ungelöst zurückbleibt.

Alkaloide der Chinaarten.

Chinin $C_{20}H_{24}N_2O_2$.

Das Chinin scheidet sich aus den Auflösungen in Alkohol, Aether, Chloroform, Benzol und Amylalkohol amorph, aus der Lösung in Petroleumäther dagegen krystallinisch ab. Kaltes Wasser löst dasselbe schwer, in der Siedhitze ist es leichter löslich. Die Lösungen reagiren alkalisch und haben stark bittern Geschmack. Mit Säuren bildet das Alkaloid Salze, von denen die neutralen krystallisirbar und in Wasser schwer löslich sind, während die sauren Salze leicht auflöslich sind.

Kalilauge fällt aus den Lösungen der Chininsalze die Base als weisses Pulver aus, im Ueberschuss des Fällungsmittels sehr schwer löslich. In verdünnten Auflösungen entsteht keine Fällung.

Versetzt man die Auflösung eines Chininsalzes mit *Chlorwasser* und alsdann mit *Ammoniak*, so entsteht ein grüner, flockiger Niederschlag, welcher sich in überschüssigem Ammoniak smaragdgrün auflöst. Neutralisirt man diese Flüssigkeit mit einer Säure, so wird dieselbe blau, durch einen Ueberschuss, violett oder roth. Ammoniak stellt die ursprüngliche Färbung wieder her.

Wird zu der mit Chlorwasser versetzten Chininlösung *Ferrocyankalium* und *Ammoniak* zugesetzt, so entsteht eine dunkelroth gefärbte Lösung.

Chinin scheidet aus der *Ueberjodsäure* Jod aus, welch' letzteres durch Schütteln der Flüssigkeit mit Schwefelkohlenstoff oder Chloroform nachgewiesen werden kann.

Gerbsäure fällt aus den wässerigen Lösungen der Chininsalze einen weissen, flockigen Niederschlag, welcher sich oeim Erwärmen der Flüssigkeit zusammenballt.

Chinidin $C_{20}H_{24}N_2O_2 + 2H_2O$

Das Chinidin krystallisirt aus der Lösung in Alkohol in glänzenden, vierseitigen Prismen. In Wasser ist dasselbe schwer löslich (1 . Theil in 2000 Theilen Wasser), absoluter Alkohol und Aether lösen es leicht. Die Lösungen reagiren schwach alkalisch und besitzen einen bittern Geschmack. Mit Säuren bildet das Chinidin neutrale und saure Salze, welche grösserentheils gut krystallisirbar sind.

Gegen Reagentien verhält sich das Chinidin wie das Chinin. Von diesem, sowie von allen anderen Chinaalkaloiden, unterscheidet es sich dadurch, dass in seinen neutralen Lösungen auf Zusatz von *Jodkalium* ein weisser, pulveriger Niederschlag entsteht.

Cinchonin $C_{20}H_{24}N_2O$.

Das Cinchonin bildet entweder wasserhelle, glänzende Prismen, oder feine, weisse Nadeln, oder, durch Fällung aus concentrirten Lösungen erhalten, ein lockeres weisses Pulver. In Alkohol ist dasselbe ziemlich leicht, in Aether bedeutend schwerer löslich als Chinin, in Wasser kaum löslich. Aus der Lösung in heissem Benzol scheidet sich das· Alkaloid beim

Erkalten wieder aus. Mit Säuren bildet dasselbe gut krystallisirbare Salze, welche in Wasser und Alkohol ziemlich leicht, in Aether unlöslich sind.

Kalilauge fällt aus den Lösungen derselben das Cinchonin als lockeres, weisses Pulver aus. Der Niederschlag ist im Ueberschuss des Fällungsmittels unlöslich.

Bringt man eine neutrale Cinchoninlösung auf ein Objectivglas und fügt *Ferrocyankalium* hinzu, so entsteht ein flockiger Niederschlag, welcher beim Erwärmen in einem Ueberschuss des Fällungsmittels sich wieder auflöst. Wird sodann diese Flüssigkeit unter dem Mikroskop beobachtet, so nimmt man beim Erkalten derselben die Ausscheidung goldgelber Schüppchen oder Nadeln wahr.

Von Chinin und Chinidin unterscheidet sich das Cinchonin dadurch, dass durch Zusatz von *Chlorwasser* und *Ammoniak* ein weisser, in letzterem Reagens unlöslicher Niederschlag entsteht.

Ebenfalls tritt die Reaction mit *Chlorwasser, Ferrocyankalium* und *Ammoniak* nicht ein.

Zur Trennung des Cinchonins von Chinin und Chinidin, behandelt man die Alkaloide mit *Aether*, in welchem ersteres sehr schwer auflöslich ist.

Aconitin $C_{30}H_{47}NO_7$

Alkaloid des Eisenhuts. Das Aconitin bildet ein farb- und geruchloses Pulver oder eine glasglänzende, amorphe Masse von stark bitterem Geschmack. Bei 80° schmilzt es und erstarrt beim Erkalten glasartig. In Wasser und Petroleumäther ist es kaum löslich, dagegen löst es sich leicht in Alkohol, Aether, Chloroform und Benzol. Mit Säuren entstehen Salze, welche grösserentheils schwer krystallisiren und in Wasser und Alkohol leicht löslich sind.

Concentrirte Schwefelsäure löst das Alkaloid mit gelbbrauner Farbe, auf Zusatz von *Salpetersäure* wird die Lösung hellgelb.

Löst man · Aconitin in wässeriger *Phosphorsäure* und

dampft diese Lösung auf dem Wasserbade vorsichtig ein, so
entsteht eine violette Färbung. Diese Reaction hat das Aconitin mit dem Digitalin gemein; von diesem unterscheidet es
sich dadurch, dass, wenn man auf die schwefelsaure Digitalin-
lösung *Bromdämpfe* einwirken lässt, dieselbe schön violettroth
gefärbt wird, während ersteres, auf gleiche Art behandelt,
rothbraun wird.

Veratrin $C_{32}H_{52}N_2O_8$.

Alkaloid der weissen Niesswurzel. Das Veratrin ist weiss,
krystallisirt aus den Lösungen in Alkohol und Aether in farblosen Prismen, welche an der Luft porzellanartig werden. In
Wasser ist dasselbe garnicht löslich, schwer löslich in Petroleumäther, Benzol, Amylalkohol und Aether, in Alkohol leicht
löslich. Bei 115° schmilzt es zu einer harzartigen Masse,
stärker erhitzt sublimirt es unzersetzt und theilweise krystallinisch. Die Salze des Veratrins sind in Wasser löslich und
grösserentheils schwer krystallisirbar. *Kalilauge* scheidet aus
diesen Lösungen das Alkaloid als weissen, flockigen Niederschlag aus, im Ueberschuss unlöslich.

In *concentrirter Schwefelsäure* löst sich dasselbe mit schön
gelber Farbe auf, welche Färbung nach mehreren Minuten
durch Rothgelb in Blutroth und schliesslich in Carminroth
übergeht. Letztere Nuance hält mehrere Stunden an und
verschwindet dann allmälich. Fügt man zu der frischen schwefelsauren Lösung einige Tropfen *Bromwasser,* so tritt die
Purpurfarbe sofort ein.

Concentrirte Schwefelsäure, welche *Natriummolybdat* gelöst
enthält (S. 146), erzeugt zuerst eine gelbe Lösung, welche
bald dauernd kirschroth wird.

Vermischt man eine Spur Veratrin mit einer geringen
Menge *Rohrzucker* (die vierfache Menge der angewandten
Substanz ist ausreichend), fügt einige Tropfen concentrirte
Schwefelsäure hinzu und verreibt das Gemenge, so entsteht
nach und nach eine dunkelgrüne Färbung, welche schliesslich
in tiefes Blau übergeht.

Die Reaction gelingt besonders schön, wenn man die auf einem Uhrglase befindliche Mischung hin- und herbewegt, so dass das Glas in möglichst dünner Schicht mit Flüssigkeit überzogen ist. Die blaue Färbung bleibt einige Stunden constant und geht dann durch Röthlich in schmutzig Braun über (Weppen).

Löst man Veratrin in concentrirter *Chlorwasserstoffsäure* und erwärmt die Flüssigkeit einige Zeit, so geht die ursprünglich farblose Lösung allmälich in eine intensiv rothe über.

Auf Zusatz von *Ceroxyduloxyd* zu der schwefelsauren Lösung entsteht eine röthlichbraune Färbung.

Colchicin $C_{17}H_{19}NO_5$.

Alkaloid der Herbstzeitlose. Das Colchicin bildet eine gelblichweisse, gummiartige Masse, welche sich beim Reiben harzartig zusammenballt. Bei 130° erweicht dasselbe und schmilzt bei 140° zu einer braunen, durchsichtigen Flüssigkeit, welche beim Erkalten glasartig erstarrt. In Wasser ist es langsam, jedoch in jedem Verhältniss löslich; Alkohol, Benzol, Amylalkohol und Chloroform lösen es leicht.

Durch Kochen mit verdünnten Säuren wird das Colchicin, unter Abscheidung eines grünlichbraunen Harzes, in krystallisirbares Colchicëin übergeführt.

Concentrirte Salpetersäure von 1,4 spec. Gewicht färbt das Colchicin violett; rauchende Salpetersäure bewirkt eine blauviolette Färbung, welche in Braungrün und schliesslich in Gelb übergeht. Verdünnt man die violette Lösung mit Wasser, so wird dieselbe gelb und geht beim Uebersättigen mit Natronlauge in Orangeroth oder Orangegelb über.

Concentrirte Schwefelsäure löst die Base mit intensiv gelber Farbe auf; fügt man zu dieser Lösung einen Tropfen Salpetersäure, so entsteht eine dunkelbraune Zone, welche bald durch Violett und Braun wieder in die gelbe Farbe übergeht.

Goldchlorid erzeugt in concentrirten Colchicinlösungen einen weisslichgelben Niederschlag. In verdünnten Lösungen entsteht allmälich eine Trübung, nach einiger Zeit erfolgt Ausscheidung gelber Flocken, und nach längerem Stehen wird metallisches Gold abgeschieden.

Quecksilberchlorid fällt aus concentrirten Lösungen einen weissen, flockigen Niederschlag, im Ueberschuss des Reagens' und in Alkohol löslich.

Pikrinsäure, Kaliumcadmium- und *Kaliumquecksilberjodid* erzeugen keine Fällung.

Chlorwasser bringt eine gelbe Fällung hervor, welche sich in Ammoniak mit oranger Farbe auflöst.

Atropin $C_{17}H_{23}NO_3$.

Alkaloid der Tollkirsche. Das Atropin bildet glänzende, krystallinische Massen, welche bei 90^0 schmelzen und beim langsamen Erkalten wieder krystallinisch erstarren. Erhitzt man dasselbe bis 140^0, so wird es unzersetzt verflüchtigt. In kaltem Wasser ist es schwer löslich (in 300 Thln.), kochendes Wasser löst es leichter (1 : 60). Alkohol, Chloroform, Amylalkohol lösen das Atropin leicht, während es von Aether schwerer aufgenommen wird. Die Lösungen reagiren alkalisch und haben einen stark bitteren Geschmack. Mit Säuren bildet dasselbe Salze, welche meist schwer krystallisirbar sind. Diese sind in Wasser und Alkohol leicht, in Aether fast garnicht löslich. Aus concentrirten Lösungen wird das Atropin, auf Zusatz von *Kalilauge*, theilweise ausgeschieden. Der Niederschlag ist in überschüssigem Reagens, sowie in Wasser auflöslich.

Besonders charakteristische Reactionen existiren für das Atropin nicht. Eigenthümlich ist die Eigenschaft desselben, die Pupille für einige Zeit stark zu erweitern. Dieselbe Erscheinung ruft auch das Hyoscyamin hervor, jedoch mit dem Unterschiede, dass bei letzterem die Wirkung später eintritt und nachhaltiger ist.

Beim Erwärmen von Atropin mit *concentrirter Schwefelsäure* entwickelt sich der Geruch nach Orangenblüthen. Erhitzt man einige Tropfen *concentrirte Schwefelsäure* auf Zusatz einiger kleinen Krystalle von *Ammoniummolybdat* und fügt alsdann Atropin zu der Mischung, so entwickelt sich ein angenehmer Geruch, welcher an Bittermandelöl erinnert.

Goldchlorid erzeugt in der wässerigen Lösung eines Atropinsalzes einen gelben Niederschlag, der allmälich krystallinisch wird.

Leitet man in eine concentrirte, alkoholische Atropinlösung *Cyangas*, so färbt sich die Flüssigkeit rothbraun.

Piperin $C_{17}H_{19}NO_3$.

Alkaloid des schwarzen und weissen Pfeffers. Das Piperin krystallisirt in farblosen, glasglänzenden, vierseitigen Prismen. Im reinen Zustande ist dasselbe fast geschmacklos und zeigt keine alkalische Reaction. Bei 100° schmilzt es zu einem gelblichen Oel und erstarrt beim Erkalten harzartig; stärker erhitzt, tritt Zersetzung ein. In Alkohol ist es ziemlich leicht, in Aether schwer und in Wasser garnicht löslich. Das Piperin ist eine schwache Base, welche von verdünnten Säuren kaum gelöst wird.

Piperin wird von *concentrirter Schwefelsäure* mit gelber Farbe gelöst, welche bald in dunkelbraun und nach 20 Stunden in grünbraun übergeht. (Dragendorff.) Nach anderen Angaben (Sonnenschein) färbt dasselbe die Schwefelsäure blutroth, welche Lösung auf Zusatz von *Ceroxyduloxyd* dunkelbraun bis schwarz wird.

Anhang.

Digitalin.

Das Digitalin, welches, streng genommen, nicht zu den Alkaloiden gehört, bezüglich seiner Eigenschaften indess diesen nahe steht, bildet den wirksamen Bestandtheil des rothen Fingerhuts. Gewöhnlich stellt es eine weisse, amorphe Masse dar, kann aber auch als feine, seideglänzende Nadeln krystallinisch erhalten werden. Dasselbe zeigt vollständig neutrale

Reaction und besitzt einen intensiv bitteren Geschmack, welcher sich indess, seiner Schwerlöslichkeit wegen, nur langsam entwickelt. Bei 180° färbt es sich ohne zu schmelzen und wird bei 200° zersetzt. In Chloroform und Alkohol ist dasselbe leicht, in Wasser und besonders in Aether schwer löslich.

Concentrirte Schwefelsäure löst das Digitalin langsam zu einer braun gefärbten Flüssigkeit auf, welche bald röthlichbraun, nach einigen Stunden dunkelbraun und nach langem Stehen (etwa 15 Stunden) dunkelkirschroth wird. Setzt man die schwefelsaure Lösung unter einer Glasglocke *Bromdämpfen* aus, so wird dieselbe schön violettroth, welche Färbung lange anhält (siehe Brucin).

Die Reaction tritt noch schöner ein, wenn man die schwefelsaure Lösung nach und nach mit *Bromwasser* versetzt. Die helle Purpurfarbe nimmt erst nach langer Zeit (etwa 24 Stunden) wieder ab. (Unterschied von Brucin.)

Wird Digitalin mit *verdünnter Schwefelsäure* gekocht, so zerfällt dasselbe in Digitaliretin und Zucker, welch' letzterer mittelst einer alkalischen *Kupferlösung* nachgewiesen werden kann.

Solanin $C_{43}H_{71}NO_{16}$.

Solanin bildet den giftigen Bestandtheil der Solanumarten. Aus der Lösung in Alkohol krystallisirt es in kleinen, perlmutterartig glänzenden, vierseitigen Prismen. Es schmilzt bei 235° und erstarrt amorph; stärker erhitzt lässt es sich sublimiren. In Wasser, Aether und Benzol ist es fast garnicht löslich, dagegen leicht in Alkohol und heissem Amylalkohol. Die Lösungen haben alkalische Reaction und stark bitteren Geschmack.

Mit Säuren bildet dasselbe neutrale und saure Salze, von denen die neutralen Salze schwach sauer reagiren und in Wasser, sowie in Alkohol leicht, in Aether unlöslich sind.

Concentrirte Schwefelsäure löst dasselbe mit röthlichgelber Farbe, welche bei langem Stehen hellbraun wird. Setzt man die schwefelsaure Lösung *Bromdämpfen* aus, so wird dieselbe braun. Beim Hinzufügen von *Bromwasser* zu der schwefelsauren Lösung entstehen rothe Streifen, die Flüssigkeit bleibt längere Zeit röthlich und wird schliesslich durch Abscheidung brauner Flocken getrübt.

Eine Auflösung von *Jod* in *Wasser* wird auf Zusatz von Solaninlösung dunkel gefärbt.

Caffeïn $C_8H_{10}N_4O_2$.

Im Kaffee und Thee. Dasselbe krystallisirt aus der wässerigen Lösung in langen, weissen, seideglänzenden Nadeln, welche sehr biegsam und nur schwer pulverisirbar sind. Bei 120^0 verliert es sein Krystallwasser, schmilzt bei $177,8^0$ und sublimirt bei $184,7^0$ unzersetzt. In Wasser, Benzol, Chloroform und Amylalkohol ist dasselbe leicht, in Alkohol und Aether schwer löslich. Die Lösungen reagiren alkalisch und schmecken schwach bitter. Mit Säuren verbindet sich das Caffeïn zu sauer reagirenden Salzen.

Verdampft man Caffeïn mit *Chlorwasser* zur Trockne, so entsteht eine rothbraune Masse, welche mit *Ammoniak* befeuchtet (am Besten mit Ammoniak angeblasen), purpurviolett wird. *Rauchende Salpetersäure*, oder *Chlorwasserstoffsäure* auf Zusatz von *Kaliumchlorat,* wirken wie Chlorwasser.

Fügt man zu einer Caffeïnlösung *Quecksilberchlorid*, so bleibt die Flüssigkeit vorerst klar; nach einigem Stehen scheiden sich grosse, nadelförmige Krystalle aus, welche sich[in verdünnter Chlorwasserstoffsäure lösen.

Pikrotoxin $C_{12}H_{14}O_5$.

Giftiger Bestandtheil der Kokkelskörner. Es krystallisirt in weissen, glänzenden, vierseitigen Säulchen oder Nadeln; aus gefärbten Flüssigkeiten schiesst es in verfilzten Fäden an, welche sich allmälich in Nadeln verwandeln. Dasselbe ist geruchlos, besitzt bitteren Geschmack und zeigt neutrale Reaction. In heissem Wasser und Alkohol ist es [leicht, in Aether schwer löslich. Ammoniak, Kali- oder Natronlauge lösen es ebenfalls, aus welchen Lösungen es auf Zusatz einer verdünnten Säure wieder unzersetzt ausgeschieden wird.

Kalte *concentrirte Schwefelsäure* löst das Pikrotoxin mit schön goldgelber Farbe auf, welche Lösung durch eine Spur von *Kaliumbichromat* in Violett und schliesslich in Apfelgrün, durch einen Ueberschuss von Schwefelsäure in Braun übergeht.

Mischt man Pikrotoxin mit dem dreifachen Gewichte an *Kaliumnitrat*, befeuchtet das Gemenge mit einigen Tropfen *concentrirter Schwefelsäure* und versetzt alsdann mit einem Ueberschuss an *Natronlauge*, so entsteht eine ziegelroth gefärbte Flüssigkeit.

Beim Erwärmen einer Lösung des Pikrotoxins mit *alkalischer Kupferlösung* (Fehling'sche Lösung) wird Kupferoxydul ausgeschieden.

Platin-, Gold- und *Quecksilberchlorid*, sowie *Ferridcyankalium, Pikrin-, Phosphormolybdän-* und *Gerbsäure* fällen Pikrotoxinlösungen nicht.

Zur Nachweisung des Pikrotoxins in Bier (welches bisweilen durch Zusatz von Kokkelskörnern künstlich bitter gemacht wird), versetzt man dasselbe mit *Ammoniak* bis zur alkalischen Reaction, lässt den Niederschlag sich setzen und vermischt die klar abgegossene Flüssigkeit mit soviel concentrirter *Bleizuckerlösung*, bis kein Niederschlag mehr entsteht. Hierdurch werden Dextrin, Zucker, Gummi etc. gefällt, während das Pikrotoxin gelöst bleibt. Man filtrirt den Niederschlag ab, wäscht denselben kurze Zeit mit heissem Alkohol aus und entfernt in der filtrirten Flüssigkeit das überschüssige Blei mit Schwefelwasserstoff. Das Schwefelblei wird filtrirt, das Filtrat bis zur Syrupdicke auf dem Wasserbade eingedampft, und der Rückstand mit *Aether* extrahirt. Durch Verdunsten der ätherischen Lösung erhält man einen Rückstand, welcher die oben angeführten charakteristischen Reactionen des Pikrotoxins liefert.

Bezüglich der Auffindung des Pikrotoxins in organischen Gemengen ist zu beachten, dass es durch Schütteln der sauren Lösungen mit Aether oder Amylalkohol in diese übergeht.

Aloin $C_{17}H_{18}O_7$.

Das Aloin, der Bitterstoff der Aloë, krystallisirt aus wässeriger Lösung in schwefelgelben Körnern, aus heissem Alkohol in sternförmig gruppirten Nadeln, welche bei 100° erweichen. Es besitzt einen zuerst süsslichen und nachher stark bitteren Geschmack.

In kaltem Wasser ist dasselbe schwer, in kochendem Wasser leicht, sowie in Alkohol und Aether auflöslich. Aetzende und kohlensaure Alkalien lösen es leicht mit orangegelber Farbe.

Zur Nachweisung der Aloë in Liqueuren etc. benutzt man das Verhalten der in derselben vorkommenden Paracumarsäure gegen *Eisenchlorid*. Man verdampft im Wasserbade zur Trockne, löst den Rückstand in ammoniakhaltigem Wasser und kocht. Nach dem Erkalten wird mit Chlorwasserstoffsäure übersättigt, wobei der Geruch nach Aloë deutlich hervortritt. Den entstandenen Niederschlag filtrirt man ab, fällt das Filtrat heiss mit Bleiacetat, filtrirt, fällt im Filtrat den Ueberschuss an Blei durch verdünnte Schwefelsäure, filtrirt das Bleisulfat ab und kocht. Die Flüssigkeit wird nach dem Erkalten mit Aether geschüttelt und die ätherische Lösung verdunstet. Der Rückstand, welcher nunmehr die Paracumarsäure enthält, kann durch Umkrystallisiren aus Alkohol gereinigt und die alkoholische Lösung mit Thierkohle entfärbt werden. Fügt man zu dieser Flüssigkeit eine bis zur Farblosigkeit verdünnte Lösung von Eisenchlorid, so entsteht die, der Paracumarsäure eigenthümliche, dunkelgoldgelbe Färbung.

Salicin $C_{13}H_{18}O_7$.

Bestandtheil der Rinden der Weiden und Pappelarten, bildet weisse, seidenglänzende Nadeln oder Blättchen von bitterem Geschmack. Dasselbe ist in Wasser und Alkohol leicht, in Aether nicht löslich.

Concentrirte Schwefelsäure färbt Salicin blutroth, indem es sich harzartig zusammenballt und nicht gelöst wird.

Säuert man die wässerige Auflösung von Salicin mit

Chlorwasserstoffsäure an und kocht, so wird dasselbe zersetzt; es bildet sich Zucker, und die Flüssigkeit trübt sich unter Ausscheidung von Saliretin. Versetzt man diese mit einigen Tropfen *Kaliumbichromat* und kocht, so färbt sich das Saliretin rosenroth, und es tritt gleichzeitig der Geruch nach salicyliger Säure auf.

Salpetersäure löst das Salicin ohne Färbung auf; beim Erhitzen entwickelt sich Untersalpetersäure, und die Flüssigkeit wird gelb gefärbt. Setzt man das Erhitzen so lange fort, bis keine rothen Dämpfe mehr auftreten, und fügt diese Flüssigkeit zu einer concentrirten Lösung von *Natriumacetat*, so wird dieselbe orangegelb gefärbt. Die Flüssigkeit besitzt die Eigenschaft Wollfaser dauernd gelb zu färben.

Systematischer Gang zur Untersuchung von Lösungen, welche nur ein Alkaloid enthalten, mit Berücksichtigung von Digitalin, Pikrotoxin und Salicin.

Methode von Fresenius.

Man versetzt einen Theil der angesäuerten Lösung mit *Phosphormolybdänsäure.*

a) **Es entsteht kein Niederschlag.** (Digitalin, Pikrotoxin und Salicin.)

Man fügt zu einem Theil der ursprünglichen Lösung *Natronlauge* bis zur alkalischen Reaction, versetzt mit *alkalischer Kupferlösung* (Fehling'sche Lösung) und erwärmt.

α. Es wird Kupferoxydul ausgeschieden. Man prüft nach S. 163 auf Pikrotoxin.

β. Es wird kein Kupferoxydul ausgeschieden. Man prüft wie oben auf Salicin.

Zu einem anderen Theil der ursprünglichen Lösung fügt man *Gerbsäure.*

Es entsteht ein schmutzig weisser Niederschlag. Prüfung auf Digitalin nach S. 161.

b) **Es entsteht durch Phosphormolybdänsäure ein Niederschlag.**

Man versetzt einen Theil der ursprünglichen Lösung mit *Kalilauge,* bis dieselbe eben alkalisch reagirt, und lässt eine Zeit lang stehen.

Entsteht hierdurch kein Niederschlag, so kann nur Atropin zugegen sein, welches nur aus concentrirten Lösungen durch Kalilauge gefällt wird. Man prüft daher nach S. 159 auf Atropin. Es entsteht ein Niederschlag. Man fügt soviel Kalilauge hinzu, dass die Flüssigkeit stark alkalisch reagirt.

α. Der Niederschlag verschwindet:
Morphin oder
Atropin.

Man prüft einen neuen Theil der ursprünglichen Lösung mit *Jodsäure.*

αα. Es erfolgt Jodausscheidung. Prüfung auf Morphin (S. 146).

ββ. Es erfolgt keine Jodausscheidung. Prüfung auf Atropin (S. 159).

β. Der Niederschlag verschwindet durch Kalilauge nicht:
Narcotin,
Chinin,
Cinchonin (Chinidin),
Strychnin,
Brucin,
Veratrin.

Man säuert die ursprüngliche Lösung mit einigen Tropfen *verdünnter Schwefelsäure* an, fügt eine gesättigte Lösung von *Natriumhydrocarbonat* hinzu, bis die Flüssigkeit neutralisirt ist, schüttelt stark und lässt dieselbe eine halbe Stunde lang stehen.

a) Es entsteht ein Niederschlag:
Narcotin,
Cinchonin (Chinin).

Man versetzt die ursprüngliche Lösung mit *Ammoniak* im Ueberschuss, fügt ein gleiches Volumen der Flüssigkeit an *Aether* hinzu und schüttelt.

α. Der entstandene Niederschlag ist in Aether auflöslich:
Narcotin oder
Chinin.

Auf Narcotin prüft man mit salpetersäurehaltiger Schwefelsäure (S. 150), auf Chinin mit Chlorwasser (S. 154).

β. Der entstandene Niederschlág ist in Aether unlöslich: Cinchonin.

Prüfung mit Ferrocyankalium nach S. 156.

b) Es entsteht durch Natriumhydrocarbonat kein Niederschlag:

Strychnin,

Brucin,

Veratrin (Chinin).

Man befeuchtet die ursprüngliche (feste) Substanz mit *concentrirter Schwefelsäure.*

α. Es entsteht eine rosarothe Lösung, welche auf Zusatz von einem Tropfen Salpetersäure blutroth wird:

Brucin.

Weitere Prüfung nach S. 153.

β. Die schwefelsaure Lösung ist gelb und wird allmälich gelbroth, blutroth und schliesslich carminroth:

Veratrin.

Nähere Prüfung nach S. 157.

γ. Die schwefelsaure Lösung ist farblos. Man fügt zu derselben einen kleinen Krystall von Kaliumbichromat. Blaue Färbung:

Strychnin.

Nähere Prüfung nach S. 152. Bleibt die schwefelsaure Lösung auf Zusatz von Kaliumbichromat unverändert, so ist noch auf Chinin zu prüfen (S 154).

Allgemeiner Untersuchungsgang zum Nachweis von Alkaloiden in organischen Massen.

Methode von Stas.

Liegen Organe zur Untersuchung vor, so werden dieselben zuerst möglichst zerkleinert; ist das Untersuchungsobject flüssig, so concentrirt man im Wasserbade bis zur Syrupconsistenz. In beiden Fällen übergiesst man das Object mit etwa dem doppelten Gewicht an reinem Alkohol von etwa 95 Proc., fügt reine Weinsäure oder Oxalsäure bis zur stark sauren Reaction der Flüssigkeit (circa 0,5—2 g) und erwärmt die Mischung mehrere Stunden im Wasserbade. Diese Operation nimmt man zweckmässig in einem weithalsigen Kolben vor, welchen man mit einem Rückflusskühler versieht, so dass die entweichenden Dämpfe condensirt werden und wieder in den Kolben zurückfliessen. Nach vollständigem Erkalten der Flüssigkeit wird filtrirt, der Rückstand mit starkem Alkohol gut ausgewaschen und das Filtrat im Wasserbade eingedampft. Hat man auf flüchtige Alkaloide Rücksicht zu nehmen, so nimmt man das Eindampfen in einer Porzellanschale vor und trägt Sorge, dass die Temperatur der einzudampfenden Flüssigkeit 30—35 ⁰ nicht übersteigt. Sind flüchtige Alkaloide von der Untersuchung ausgeschlossen, so kann man die grösste Menge des Alkohols durch Destillation, unter Anwendung eines Kühlers, entfernen und den Rest der Flüssigkeit in einer Porzellanschale verdunsten. Den wässerigen Rückstand trennt man durch Filtration von dem ausgeschiedenen Fett etc., wäscht letzteres mit kaltem Wasser aus und dampft das Filtrat fast vollständig im Wasserbade zur Trockne. Den Rückstand extrahirt man mit absolutem Alkohol und zwar fügt man nach und nach und unter Umrühren so viel hinzu, so lange noch ein Niederschlag erfolgt.

Die filtrirte alkoholische Lösung wird wiederum verdunstet, der bleibende Rückstand in wenig Wasser gelöst und nach und nach gepulvertes Natriumhydrocarbonat zugefügt, bis kein Aufbrausen von Kohlensäure mehr stattfindet. Diese Flüssigkeit bringt man in einen geeigneten, schmalen, mit eingeschliffenem Glasstopfen versehenen Glascylinder, fügt das vier- bis sechsfache Volumen reinen Aether hinzu und schüttelt wiederholt. Bei Gegenwart von Alkaloiden gehen dieselben in den Aether über; man trennt mit Hülfe eines Scheidetrichters die ätherische Lösung von der wässerigen, bringt letztere wiederum in den Glascylinder und wiederholt die Extraction mit einer neuen Menge Aether. Die ätherische Lösung überlässt man in einem Uhrglase oder kleinen Glasschale der freiwilligen Verdunstung, wodurch die Alkaloide sich ausscheiden und nun der speciellen Prüfung unterworfen werden können. Ist der erhaltene Rückstand zur näheren Untersuchung nicht genügend rein, so lassen sich die vorhandenen färbenden Substanzen durch wiederholtes Schütteln der wässerigen, mit Oxal- oder Weinsäure angesäuerten Lösung mit Aether entfernen. Die ätherischen Auszüge werden wiederum mit dem Scheidetrichter von der wässerigen, sauren Lösung getrennt und das Extrahiren der letzteren mit Aether so lange wiederholt, als noch färbende Substanzen in denselben übergehen. Dann versetzt man die wässerige Lösung mit Natriumhydrocarbonat bis zur alkalischen Reaction und führt aus dieser Lösung die Alkaloide wieder in Aether über.

Bei Gegenwart von Colchicin, Digitalin und Pikrotoxin können, durch Behandeln der sauern wässerigen Lösung mit Aether, geringe Quantitäten dieser Körper in den Aether übergehen.

Methode von Dragendorff.

Das zu untersuchende Object wird mit schwefelsäurehaltigem Wasser [1]) bei einer Temperatur zwischen 40—50 °
mehrfach extrahirt und die Auszüge filtrirt. Bei Gegenwart
von Solanin, Colchicin und Digitalin ist zu beachten, dass
diese durch Behandeln mit schwefelsäurehaltigem Wasser in
der Wärme zerlegt werden können; in diesem Falle muss die
Masse kalt extrahirt werden. In dem Filtrat wird die freie
Säure theilweise durch Magnesia neutralisirt (die Flüssigkeit
muss indess noch deutlich sauer reagiren), und alsdann die
Lösung bis zur beginnenden Syrupdicke auf dem Wasserbade
eingedampft. Den Rückstand versetzt man mit dem vierfachen
Volumen Alkohol und etwas verdünnter Schwefelsäure und
digerirt 24 Stunden lang bei 30—40°. Nach dem Erkalten
wird filtrirt und der Rückstand mit Alkohol ausgewaschen.
Die alkoholischen Auszüge werden verdunstet, der wässerige
Rückstand in eine Flasche gebracht und mit Petroleumäther
bei 30—40° digerirt, indem der Inhalt der Flasche oftmals
geschüttelt wird. Das Extrahiren mit Petroleumäther, welches
so lange wiederholt wird, als derselbe noch etwas aufnimmt,
hat den Zweck, färbende organische Stoffe möglichst zu entfernen. Bei Gegenwart von Piperin ist indess zu berücksichtigen, dass dieses in den Aether übergeht. Zur Auffindung
desselben trennt man den Aether mittels eines Scheidetrichters
von der wässerigen Flüssigkeit und verdunstet die ätherische
Lösung.

Die mit Petroleumäther gereinigte wässerige Lösung der
Alkaloide wird mit *Benzol* versetzt und längere Zeit bei 40 °
digerirt. Hinterlässt dieses beim Verdunsten einen Rückstand,
welcher auf Anwesenheit eines Alkaloids schliessen lässt, so
behandelt man die wässerige Lösung so lange mit Benzol,
als noch etwas aufgenommen wird. Die Auszüge werden
vereinigt und langsam verdunstet. Der Rückstand kann ent-

---

[1]) Man versetzt 100 CC. Wasser mit 10 CC. verdünnter Schwefelsäure (1 : 5).

halten: Colchicin, Digitalin, Caffeïn und Spuren von Veratrin.

Ein krystallinischer Rückstand (farblose Nadeln) deutet auf Caffeïn, welches durch sein Verhalten gegen Chlorwasser und Ammoniak erkannt werden kann. Ist der Rückstand gelb gefärbt, so ist vorzüglich auf Colchicin Rücksicht zu nehmen. Dieses, sowie die anderen Alkaloide sind durch ihr Verhalten gegen concentrirte Schwefelsäure resp. Schwefelsäure und Bromwasser (Digitalin) leicht zu erkennen.

Hat man Pikrotoxin und Salicin zu berücksichtigen, so wird nunmehr die wässerige Lösung der Alkaloide, nach der oben angegebenen Art, mit *Amylalkohol* ausgeschüttelt, wodurch diese, sowie ein Theil etwa vorhandenen Narcotins in Lösung gehen. Die Auszüge werden verdunstet und der Rückstand, wie früher angegeben, auf diese Körper geprüft. Narcotin ist in verdünnter Essigsäure schwer löslich und kann durch sein Verhalten gegen concentrirte Schwefelsäure leicht erkannt werden (S. 150).

Hat man bei der Untersuchung auf Opiumalkaloide Rücksicht zu nehmen, so wird nach dem Behandeln mit Amylalkohol die saure, wässerige Lösung mit *Chloroform* ausgeschüttelt. In Auflösung gehen: Papaverin, Thebaïn, nebst kleinen Mengen von Narceïn und Brucin. Wird die Lösung nicht vorher mit Amylalkohol behandelt, so ist auch noch auf Narcotin und Veratrin Rücksicht zu nehmen. Hinterlässt die Lösung in Chloroform beim Verdunsten einen krystallinischen Rückstand, so kann dieser aus Papaverin und Brucin bestehen. Amorph scheiden sich aus: Narcotin, Thebaïn, Narceïn, Veratrin.

Nach dem Extrahiren mit Chloroform wird die wässerige Lösung auf 40° erwärmt, mit *Petroleumäther* überschichtet, alsdann mit *Ammoniak* stark alkalisch gemacht und geschüttelt [1]. Nach dem Verdunsten bleiben zurück: Strychnin,

---

[1] Es versteht sich von selbst, dass man zur vollständigen Entziehung eines Alkaloids aus den wässerigen Lösungen die Extraction mit Petroleumäther etc. mehrfach wiederholen muss.

Brucin, Chinin, Coniin, Nicotin, Papaverin, (Veratrin).

Von diesen Alkaloiden sind flüssig und besitzen einen charakteristischen Geruch: Nicotin und Coniin. Durch Behandeln des Rückstandes mit destillirtem Wasser gehen dieselben in Lösung.

Beim Erkalten der warmen Petroleumätherlösung scheidet sich Chinin krystallinisch aus. Strychnin und Papaverin scheiden sich nur dann krystallinisch aus, wenn grössere Mengen dieser Körper gelöst waren.

Amorph bleiben nach dem Verdunsten zurück: Brucin und Veratrin.

Behandelt man den trockenen Alkaloidrückstand mit wasserfreiem Aether, so gehen Chinin, Papaverin, Veratrin in Lösung. Strychnin und Brucin können durch Behandeln mit absolutem Alkohol getrennt werden, in welchem Strychnin schwer löslich ist.

Die ammoniakalische wässerige Alkaloidlösung wird bei derselben Temperatur (40—50°) mit *Benzol* behandelt. In Auflösung gehen: Chinidin, Cinchonin, Atropin, Aconitin, Codeïn.

Beim Verdunsten der Lösung in Benzol scheiden sich krystallinisch aus: Cinchonin, Atropin, Chinidin, Codeïn. Amorph wird ausgeschieden: Aconitin.

Nach der Extraction mit Benzol wird die ammoniakalische wässerige Lösung der Alkaloide mit *verdünnter Schwefelsäure* angesäuert, auf 50—60° erwärmt, mit *Amylalkohol* überschichtet, alsdann mit *Ammoniak* auf's Neue alkalisch gemacht .und die· Flüssigkeit warm mit Amylalkohol geschüttelt. Aufgelöst werden: Morphin, Solanin und ein Theil des Narceïns. Lässt man die Lösung verdunsten, so wird das Morphin krystallinisch ausgeschieden, während sich Solanin beim Erkalten der Lösung gelatinös absetzt.

Die wässerige Lösung der Alkaloide kann nun noch den Rest von Narceïn, und wenn die Behandlung der wässerigen, sauren Lösung mit Benzol unterblieb, noch Digitalin enthalten. Man erhält diese Alkaloide durch Verdunsten der

Lösung bis zur Trockne und Behandeln des Rückstandes mit *Alkohol*. Sollte nach dem Verdunsten des letzteren das Alkaloid nicht rein genug zurückbleiben, so ist dasselbe aus wässeriger oder alkoholischer Lösung umzukrystallisiren.

Uebrige organische Substanzen.

Schwefelkohlenstoff CS_2.

Der Schwefelkohlenstoff bildet eine farblose, stark lichtbrechende Flüssigkeit, von eigenthümlichem, ätherartigem Geruch, welche bei 47° siedet. Spec. Gewicht 1,271 bei 15°. Derselbe ist leicht entzündbar und verbrennt mit blauer Flamme zu Kohlensäure und schwefeliger Säure. In Wasser ist er unlöslich, leicht mischbar mit Alkohol und Aether. Versetzt man Schwefelkohlenstoff mit einer Auflösung von *Kalihydrat* in absolutem Alkohol, so bildet sich x an th og en s a ures Kali, welches in farblosen Nadeln krystallisirt. Säuert man die Lösung dieses Salzes schwach mit Essigsäure an und fügt einige Tropfen *Kupfersulfatlösung* hinzu, so entsteht zuerst ein schwarzbraunes Oxydsalz, welches sich bald in citrongelbes x an th og en s a ures Kupferoxydul umwandelt.

Diese Reaction kann sehr gut zur Nachweisung kleiner Mengen von Schwefelkohlenstoff dienen.

Lässt man eine ätherische oder alkoholische Auflösung von Schwefelkohlenstoff auf eine ätherische Lösung von *Triäthylphosphin* einwirken, so scheiden sich alsbald schön rothe prismatische Krystalle von Schwefelkohlenstofftriäthylphosphin aus. Ist die Schwefelkohlenstofflösung sehr verdünnt, so findet die Ausscheidung erst beim Verdunsten derselben statt.

Diese Methode eignet sich vorzüglich zur Nachweisung von Schwefelkohlenstoff in Gasgemengen. Leitet man z. B. Leuchtgas in eine ätherische Lösung von Triäthylphosphin, so wird man beim Verdunsten der Lösung die oben erwähnten charakteristischen rothen Krystalle erhalten.

Harnstoff CH_4N_2O.

Der Harnstoff krystallisirt in weissen, seideglänzenden, vierseitigen Prismen, oder, bei gestörter oder zu schneller Krystallisation, in feinen, weissen Nadeln. Derselbe besitzt einen bitterlich kühlenden, dem Salpeter ähnlichen Geschmack, ist in Wasser und Alkohol leicht, in Aether schwer löslich.

Beim Erhitzen mit *Wasser* in zugeschmolzenen Röhren, sowie beim Kochen mit stärkeren Säuren oder Alkalien, zerfällt derselbe in Kohlensäure und Ammoniak. Erhitzt man eine alkoholische Harnstofflösung mit alkoholischer Lösung von *Schwefelkohlenstoff*, so bildet sich Rhodanammonium und Kohlensäure.

Versetzt man eine Auflösung von Harnstoff mit *salpetriger Säure* oder mit einer Lösung von *Quecksilberoxydulnitrat* in *Salpetersäure*, so zerfällt derselbe in Wasser, Kohlensäure, Stickstoff und Ammoniak.

Kaliumpermanganat wirkt auf eine alkalische Harnstofflösung nicht ein; die chlorwasserstoffsaure Lösung wird, besonders beim Erwärmen, unter Bildung von Kohlensäure und Ammoniak, zersetzt.

Fügt man zu einer concentrirten Auflösung von Harnstoff *Salpetersäure*, welche keine salpetrige Säure enthalten darf, so bildet sich Harnstoffnitrat, welches sich allmälich in weissen, glänzenden Blättchen oder Schuppen ausscheidet. *Oxalsäure* verhält sich ähnlich wie die Salpetersäure. Aus der concentrirten Auflösung fällt das Harnstoffoxalat in dünnen Blättchen oder Prismen.

Wird eine alkalisch gemachte Harnstofflösung mit einer Lösung von *Quecksilberoxydnitrat* versetzt, so entsteht ein weisser, flockiger Niederschlag von Quecksilberoxyd-Harnstoff ($2HgO,CH_4N_2O$).

Zur Nachweisung des Harnstoffs im Harn dampft man denselben im Wasserbade zur Syrupdicke ein und extrahirt den Rückstand mehrfach mit Alkohol. Beim Verdunsten des Alkohols bleibt der Harnstoff gewöhnlich mehr oder weniger gefärbt zurück. Durch Behandeln mit Salpetersäure oder Oxalsäure kann man denselben alsdann in die oben beschriebenen Verbindungen überführen. Ist nur wenig Harnstoff vorhanden, so beobachtet man die Krystallbildung am Besten unter dem Mikroskop. Das Harnstoffnitrat scheidet sich meist in sechsseitigen Tafeln aus, welche dachziegelförmig übereinander gelagert sind.

Ist die auf Harnstoff zu prüfende Flüssigkeit albuminhaltig, so muss das Eiweiss durch Kochen der mit Essigsäure angesäuerten Lösung vorher ausgefällt werden.

Methylalkohol. Holzgeist CH_4O.

Farblose, dünne Flüssigkeit von brennendem Geschmack, mit Wasser, Alkohol und Aether in allen Verhältnissen mischbar. Sein spec. Gewicht beträgt bei 0^0 0,814, bei 20^0 0,798. Er siedet bei $65,5^0$. Wird ein über gebranntem Kalk destillirter Holzgeist mit entwässertem gepulvertem *Chlorcalcium* versetzt, so entsteht unter starker Wärmentwickelung eine in sechsseitigen Tafeln krystallisirende Verbindung ($CaCl_2 + 2CH_4O$). Trennt man die Krystalle von der überstehenden Flüssigkeit und destillirt die trockene Verbindung auf Zusatz von Wasser, so geht Methylalkohol über. Um hieraus reinen Methylalkohol zu erhalten, mischt man denselben mit dem gleichen Gewicht *concentrirter Schwefelsäure* und 2 Theilen *Kaliumhydrooxalat* (Kleesalz) und erhitzt in einer Retorte. Es bildet sich Methyloxalat, welches sich krystallinisch im Retortenhalse absetzt. Man destillirt so lange, als noch diese Verbindung übergeht, presst die Krystalle zwischen Fliesspapier ab und trocknet sie über Schwefelsäure. Beim Erhitzen mit *Wasser* zerfällt das Methyloxalat in Oxalsäure und Methylalkohol.

Oxydirende Körper verwandeln den Methylalkohol in Ameisensäure. Dasselbe findet statt, wenn man Holzgeist mit *Natronkalk* gelinde erhitzt, es entweicht Wasserstoffgas, und der Rückstand enthält ein ameisensaures Salz.

Vom Aethylalkohol unterscheidet sich der Methylalkohol

vorzugsweise dadurch, dass letzterer mit Jod und Kalilauge erwärmt, kein Jodoform .erzeugt.

Bildung von Jodoform würde auf Beimengung von Aethylalkohol oder Aceton deuten. (Siehe Aethylalkohol.)

Aethylalkohol. Weingeist C_2H_6O.

Der Aethylalkohol bildet eine wasserhelle, farblose und leicht bewegliche Flüssigkeit von angenehmem Geruch. Das spec. Gewicht des absoluten Alkohols beträgt bei 0^0 0,806, bei 15^0 0,794, der Siedepunkt liegt bei $78,4^0$. Mit Wasser vermischt derselbe sich in allen Verhältnissen, es tritt hierbei Contraction und Wärmeentwickelung ein.

Versetzt man Alkohol mit ungefähr dem gleichen Volumen *Schwefelsäurehydrat*, so entsteht Aethylschwefelsäure; beim Erhitzen der Flüssigkeit bildet sich Aether.

$$C_2H_5(HO) + H_2SO_4 = (C_2H_5)HSO_4 + H_2O.$$
$$(C_2H_5)HSO_4 + C_2H_5(HO) = (C_2H_5)_2O + H_2SO_4.$$

Wird Alkohol mit *Kaliumbichromat* und *Schwefelsäure* der Destillation unterworfen, so lassen sich im Destillate Aldehyd und Essigsäure nachweisen.

$$3C_2H_5(HO) + K_2Cr_2O_7 + 4H_2SO_4 = 3C_2H_4O +$$
$$K_2Cr_2(SO_4)_4 + 7H_2O.$$
$$3C_2H_5(HO) + 2K_2Cr_2O_7 + 8H_2SO_4 = 3C_2H_4O_2 +$$
$$2K_2Cr_2(SO_4)_4 + 11H_2O.$$

Erwärmt man Alkohol auf Zusatz von *Natriumacetat* und *concentrirter Schwefelsäure*, so tritt der charakteristische Geruch nach Essigäther auf.

$$C_2H_5(HO) + H_2SO_4 = (C_2H_5)HSO_4 + H_2O.$$
$$(C_2H_5)HSO_4 + NaC_2H_3O_2 = (C_2H_5)C_2H_3O_2 + NaHSO_4.$$

Kleine Mengen von Alkohol in einer wässerigen Lösung können am Besten nach einer von Lieben angegebenen Reaction, welche auf Bildung von Jodoform beruht, erkannt werden. Man erwärmt die Flüssigkeit in einem Probircylinder, trägt einige Körnchen *Jod* ein und versetzt tropfenweise mit soviel Kalilauge, bis die Lösung farblos geworden ist. Bei nicht zu grosser Verdünnung findet sogleich eine Trübung statt, und das Jodoform fällt als citronengelber, aus mikroskopischen Krystallen bestehender Niederschlag aus [1]). Ein Ueberschuss von Kali ist zu vermeiden, ebensowenig darf die Flüssigkeit bis zum Sieden erhitzt werden, weil dann sowohl Alkohol, als auch Jodoform mit den Wasserdämpfen weggehen würden. Die Reaction findet auch bei gewöhnlicher Temperatur, jedoch langsamer statt. Nach Hager verfährt man am Zweckmässigsten auf die Art, dass man die zu prüfende Flüssigkeit mit 5—6 Tropfen einer Kalilösung von 10 Proc. Gehalt versetzt, auf 40—50° erwärmt und nun so lange unter Umrühren eine mit Jod gesättigte Lösung von Jodkalium hinzufügt, bis die Flüssigkeit gelbbraun gefärbt ist. Der Ueberschuss von Jod wird durch Kalilauge, welche man mittelst eines Glasstabes tropfenweise zufügt, entfernt. Beim Stehen der Flüssigkeit setzt sich das Jodoform in gelblichen Krystallen ab.

Sind mit Wasser nicht mischbare Substanzen, z. B. Chloroform, auf Alkohol zu prüfen, so schüttelt man mit dem 5 bis 10fachen Volumen lauwarmen Wassers, giesst die Flüssigkeit auf ein benetztes Filter und prüft das klare, wässerige Filtrat.

Durch diese Reaction lässt sich noch 1 Theil Alkohol in 1000 Theilen Wasser leicht erkennen, doch tritt der Niederschlag oft erst nach einigen Stunden auf. Bei 2000facher Verdünnung muss man zur Abscheidung des Jodoforms über Nacht stehen lassen. Die Jodoformtheilchen finden sich bisweilen auf der Oberfläche der Flüssigkeit schwimmend. Zur weitern Prüfung bringt man dieselben unter das Mikroskop und beobachtet bei 300—400facher Vergrösserung, wobei die Jodoformkrystalle als sechsseitige Tafeln oder sechsstrahlige Sterne erscheinen.

Ausser Aethylalkohol geben indess noch eine Anzahl anderer Körper beim Behandeln ihrer wässerigen Lösung mit Jod und Kalilauge Jodoform.

Als solche sind bis jetzt von Lieben folgende erkannt worden:

Aceton; es gibt in wässeriger Auflösung durch Behandeln

---

[1]) $C_2H_5(HO) + 8J + 6NaHO = CHJ_3 + 5NaJ + NaCHO_2 + 5H_2O$.

mit Jod und Kalilauge eine reichliche Ausscheidung von
Jodoform. Die Reaction scheint für diesen Körper noch
empfindlicher zu sein als für Aethylalkohol.

Aldehyd. Die Reaction geht schon bei gewöhnlicher
Temperatur vor sich und ist ebenfalls noch empfindlicher, als
für Alkohol. Am Besten gelingt sie in sehr verdünnten Lösungen; wendet man concentrirte Auflösungen an, so wirkt
die Kalilauge auf den Aldehyd verharzend ein, wodurch die
Reaction beeinträchtigt wird.

Buttersäurealdehyd, Butylalkohol (aus Buttersäurealdehyd mit Natriumamalgam dargestellt), Butylalkohol
(secundärer, aus Bichloräther), Caprylalkohol, Chinasäure,
Meconsäure, Methylbenzoyl, Methylbutyrat, Milchsäure, Propionsäurealdehyd, Propylalkohol (normaler),
Terpentinöl in wässeriger Lösung.

Dagegen geben folgende Substanzen keine Jodoform-
reaction:

Aepfelsäure, Aethyläther, Aethylchlorür, Aethyl-
enchlorür, Aethylenbromür, Ameisensäure, Amyl-
alkohol, Anissäure, Benzoësäure, Benzoësäurealdehyd,
Bernsteinsäure, Brenzweinsäure, Buttersäure,
Chloralhydrat, Chlorkohlenstoff (CCl₄), Chloroform,
Citronensäure, Essigsäure (zeigt dieselbe Jodoformbildung,
so rührt dies von einem Gehalt an Aceton her), Glycerin,
Glycol, Glycocoll, Harnsäure, Isaethionsäure, Kork-
säure, Leucin, Mannit, Methylalkohol, Oxalsäure,
Phenol, Pikrinsäure, Salicin, Salicylsäure, Schleim-
säure, Sebacylsäure, Schwefelkohlenstoff, Sorbin,
Toluol, Traubensäure, Valeral, Valeriansäure, Wein-
säure, Zimmtsäure.

Eine sehr geringe Jodoformbildung, die wahrscheinlich
nur von Verunreinigungen des untersuchten Präparates her-
rührte, erhielt Lieben endlich bei folgenden Körpern:

Amylen, Benzol, Butylalkohol (Gährungs-), Dulcin,
Fleischmilchsäure.

Kohlenhydrate (Rohrzucker, Traubenzucker, Milchzucker, Dextrin) geben nur geringe Niederschläge, so dass die

Jodoformbildung nicht als Reaction auf diese Körper benutzt werden kann.

Zur Nachweisung des Alkohols im Harn kann diese Reaction nicht dienen, indem Lieben gefunden hat, dass bei der Destillation des Harns ein Körper in das Destillat übergeht, welcher ebenfalls Jodoform zu bilden im Stande ist.

Eine weitere Methode, um kleine Mengen von Alkohol nachzuweisen, besteht nach Carstanjen darin, dass man in die zu prüfende Flüssigkeit etwas *Platinschwarz* einträgt und unter gelindem Erwärmen (nicht über 40°) einige Zeit schüttelt. Es wird dann filtrirt, die jetzt Essigsäure enthaltende Flüssigkeit mit einigen Tropfen *Kalilauge* versetzt, auf dem Wasserbade eingedampft und der trockene Rückstand mit etwas *arseniger Säure* in einem Glasröhrchen erhitzt, wobei der Geruch nach Kakodyloxyd (Arsendimethyloxyd) auftritt. (Siehe S. 31.)

Endlich können kleine Mengen von Alkohol in viel Wasser nach Berthelot mittelst *Benzoylchlorid* nachgewiesen werden. Man fügt etwas davon zu der auf Alkohol zu prüfenden Flüssigkeit und schüttelt. Ist Alkohol zugegen, so entsteht benzoësaures Aethyl, das sich in dem überschüssigen Benzoylchlorid, welches durch Wasser nur langsam zersetzt wird, auflöst. Schüttelt man jetzt mit einer Auflösung von *Kaliumcarbonat*, so wird das Benzoylchlorid sofort gelöst, während das benzoësaure Aethyl nur wenig angegriffen wird und mit seinem charakteristischen Geruch hervortritt.

Es lässt sich auf diese Weise noch 1 Theil Alkohol in 2500 Theilen Wasser erkennen.

Zur Nachweisung des Alkohols in ätherischen Oelen benutzt Puscher das *Fuchsin*, welches bei Gegenwart von Alkohol eine carminroth gefärbte Flüssigkeit erzeugt. Hierbei ist jedoch zu berücksichtigen, dass einzelne ätherische Oele, z. B. Bittermandelöl, Nelkenöl, Senföl, selbst lösend auf Fuchsin einwirken, also auch ohne Alkoholgehalt eine carminroth gefärbte Flüssigkeit erzeugen.

Zur Prüfung des Aethylalkohols auf einen Gehalt an Methylalkohol kann, wie folgt, verfahren werden.

Man destillirt etwa 100 Gramm aus einer kleinen Retorte und fängt die zuerst übergehenden Dämpfe in einem abgekühlten Reagircylinder auf. Das Destillat versetzt man mit einigen Tropfen einer stark verdünnten *Quecksilberchloridlösung* und fügt dann *Kalilauge* im Ueberschuss hinzu. Es entsteht ein Niederschlag von Quecksilberoxyd, welcher sich bei Gegenwart von Holzgeist beim Umschütteln und Erwärmen wieder löst. Wird ein Theil der Flüssigkeit gekocht oder mit Essigsäure versetzt, so entsteht ein dickflockiger, gelblicher Niederschlag.

Anstatt Quecksilberchlorid kann man auch eine Auflösung von *Quecksilberjodid* in *Jodkalium*, welche mit Kalilauge versetzt wird, benutzen.

Zweites Verfahren. Aethylalkohol gibt bei der Destillation mit *Kaliumbichromat* und *concentrirter Schwefelsäure* vorzugsweise Aldehyd und Essigsäure und nur Spuren von Ameisensäure, während bei der Destillation von Methylalkohol mit den ebengenannten Substanzen, vorzüglich Ameisensäure gebildet wird. Um nun Aethylalkohol auf einen Gehalt an Methylalkohol zu untersuchen, wobei vorausgesetzt wird, dass nicht gleichzeitig flüchtige organische Säuren oder ätherische Oele zugegen sind, versetzt man mit concentrirter Schwefelsäure (etwa 25 Tropfen) und fügt circa 2 Gramm gepulvertes Kaliumbichromat hinzu. Man lässt die Mischung eine Viertelstunde lang stehen und destillirt etwa die Hälfte der in der Retorte befindlichen Flüssigkeit ab. Das Destillat kann alsdann auf einen Gehalt an Ameisensäure geprüft werden.

Zur Prüfung des Alkohols auf einen Gehalt an Amylalkohol (Fuselöl) mischt man denselben mit einem gleichen Volumen Aether und fügt zwei Volumen Wasser hinzu. Der Amylalkohol geht in den Aether über und bleibt nach dem Verdunsten desselben mit seinen charakteristischen Eigenschaften zurück.

Acetaldehyd. Essigsäurealdehyd C_2H_4O.

Bildet eine farblose, wasserhelle, flüchtige Flüssigkeit von eigenthümlichem, betäubendem Geruch; mit Wasser, Alkohol und Aether in jedem Verhältniss mischbar. Spec. Gewicht 0,8009 bei 0°, Siedepunkt 20,8°. In Berührung mit oxydirenden Substanzen geht der Acetaldehyd leicht in Essigsäure über.

Leitet man den Dampf desselben über glühenden *Natronkalk*, so wird, unter Entwickelung von Wasserstoffgas, Natriumacetat gebildet.

Mit *Ammoniak* verbindet sich der Essigsäurealdehyd direct zu Aldehydammoniak. Dieses stellt farblose, durchsichtige, stark lichtbrechende Rhomboëder dar von eigenthümlichem, ammoniakalisch, terpentinartigem Geruch. Man erhält die Verbindung leicht in deutlich ausgebildeten Krystallen, wenn man in ein Gemisch von Aldehyd und Aether Ammoniakgas einleitet und die Lösung einige Tage stehen lässt.

Schüttelt man Acetaldehyd mit einer Lösung von *Natriumhydrosulfit* (saures schwefeligsaures Natron), so gesteht das Ganze zu einem Brei von krystallisirtem Aldehydnatriumhydrosulfit, welches in Wasser löslich ist und auf Zusatz von Alkalien oder Säuren, unter Ausscheidung des Aldehyds, zerlegt wird.

Fügt man zu einer aldehydhaltigen Flüssigkeit *Silbernitrat* und einige Tropfen *Ammoniak*, so wird der Aldehyd unter Reduction des Silbers oxydirt. Das reducirte Metall setzt sich hierbei als spiegelnde Fläche an die Glaswand ab.

Erwärmt man die wässerige oder alkoholische Lösung des Aldehyds mit wässeriger oder alkoholischer *Kalilösung*, so wird die Flüssigkeit erst gelb und dann rothbraun gefärbt. Nach und nach scheidet sich auf der Oberfläche derselben rothbraunes Aldehydharz aus, während eine flüchtige Verbindung von stechendem, widrigem Geruch entweicht.

Dieses Verhalten, sowie das gegen Silbernitrat, ist besonders zur Nachweisung geringer Mengen von Acetaldehyd geeignet.

Chloroform CHCl₃.

Farblose, mit Wasser nicht mischbare Flüssigkeit von angenehmem Geruch und süsslichem Geschmack. Mit Alkohol und Aether mischbar. Siedepunkt 61—62°; spec. Gewicht 1,49 bei 18°. Das Chloroform ist schwer brennbar, ein damit getränkter Papierstreifen lässt sich entzünden und zeigt eine grün gesäumte Flamme, unter gleichzeitiger Entwickelung von Chlorwasserstoffgas.

Kleine Mengen von Jod lösen sich in Chloroform mit violetter, grössere Mengen mit brauner Farbe auf. Die wässerige oder alkoholische Lösung der reinen Substanz wird durch *Silbernitrat* nicht getrübt.

Zur Nachweisung des Chlors in der Verbindung versetzt man in einem Reagircylinder eine kleine Menge desselben mit etwas *Alkohol* nebst einigen Tropfen *verdünnter Schwefelsäure* und fügt alsdann ein Stückchen *Zink* oder besser *Natriumamalgam* hinzu. Nach Beendigung der Gasentwickelung verdünnt man mit Wasser und erhält nun mit *Silbernitrat* eine Fällung von Chlorsilber. Das Verfahren ist angewandt worden, um z. B. Chloroform in damit verfälschten Oelen, sowie in Blut, Milch etc., nach vorheriger Destillation und Prüfung der zuerst übergegangenen Flüssigkeit nachzuweisen. (Hager.)

Mit *alkoholischer Kalilösung* erwärmt, zersetzt sich das Chloroform rasch in Chlorkalium und Kaliumformiat.

$$CHCl_3 + 4NaHO = NaCHO_2 + 3NaCl + 2H_2O.$$

Es tritt hierbei keine Gasentwickelung auf, und würde eine solche auf Beimengung von Aethylenchlorid deuten.

Eine sehr charakteristische und empfindliche Reaction auf Chloroform rührt von Hofmann her. Man giesst die zu prüfende Flüssigkeit in *alkoholische Kali-* oder *Natronlösung*, welche vorher mit etwas *Anilin* versetzt wurde. Bei Anwesenheit von Chloroform tritt von selbst, rascher beim Erwärmen, lebhafte Reaction ein, wobei sich die betäubenden Dämpfe von Isocyanphenyl (Isonitril) entwickeln.

$$CHCl_3 + 3NaHO + C_6H_5(NH_2) = C_7H_5N + 3NaCl + 3H_2O.$$

Der auftretende Geruch ist so charakteristisch und intensiv, dass auf diese Weise noch 1 Thl. Chloroform, in 5000 bis 6000 Thln. Alkohol gelöst, nachweisbar ist.

Ausser Chloroform geben Bromoform und Jodoform dieselbe Reaction, ebenso alle anderen Körper, welche mit alkoholischer Kalilösung erwärmt, Chloroform als Zersetzungsproduct liefern, so z. B. Chloral, Trichloressigsäure, die zusammengesetzten Perchloräther, Bromal u. s. f. Von den übrigen dem Chloroform ähnlichen Substanzen ist bis jetzt keine bekannt, welche das genannte Verhalten zeigt. So gibt namentlich das Chloräthyliden, welches dem Chloroform, sowohl in Bezug auf Geruch wie auf den Siedepunkt (Chloroform 61°, Chloräthyliden 60°), sehr ähnlich ist, mit alkoholischer Alkalilösung und Anilin kein Isocyanphenyl.

Statt des Anilins kann zu dieser Reaction irgend ein anderes primäres Monamin, z. B. Aethylamin, verwandt werden. Es entstehen immer die entsprechenden Isonitrile, welche sämmtlich sich durch einen durchdringenden Geruch kennzeichnen.

Chloroform besitzt die Eigenschaft, aus einer alkalischen *Kupferlösung* in der Wärme Kupferoxydul abzuscheiden, und zwar ist diese Reaction ziemlich empfindlich, da sie noch bei einer Flüssigkeit auftritt, welche 1—2 Tropfen Chloroform auf 100 CC. Wasser enthält. Man benutzt hierzu die Fehling'sche Kupferlösung (S. 185).

Wie bei der Hofmann'schen Reaction bewirken auch hier alle andern Körper, die beim Erwärmen mit Kali Chloroform geben, die Reduction des Kupferoxyds. Bromoform verhält sich weniger energisch, Jodoform reducirt nur beim Erhitzen auf 120° in zugeschmolzenen Röhren vollständig. Chlorkohlenstoff, Dichloräthylchlorid, Aethylenchlorid und -bromid wirken nicht auf die Kupferlösung.

Man kann daher dieses Verfahren benutzen, um z. B. Aethylenchlorid auf einen Gehalt an Chloroform zu prüfen. (Baudrimont.)

Zur Untersuchung des Chloroforms auf einen Gehalt an

Alkohol schüttelt man dasselbe mit Wasser und prüft dieses
nach der Methode von Lieben (S. 176).

Ein anderes Verfahren beruht darauf, dass reines Chloroform *Aetzkali* nicht auflöst, enthält es aber Alkohol, so geht
eine entsprechende Menge Kali in dasselbe über. Man fügt
zu einigen Grammen der Substanz in einem verschliessbaren
Gläschen ein Stückchen geschmolzenes Aetzkali, schüttelt und
giesst die Flüssigkeit ab. Die bei Anwesenheit von Alkohol
oder Wasser entstandene alkalische Reaction der Lösung lässt
sich durch Verdunsten derselben auf einem angefeuchteten
Stücke rothen Lackmuspapiers erkennen, oder auch dadurch,
dass man zu dem Chloroform etwas Pyrogallussäure setzt,
welche bei Luftzutritt eine braune Färbung bewirkt. (Vogel.)

Otto entfernt, zur Nachweisung von Alkohol und Aether
in Chloroform, vorerst das Wasser durch Schütteln mit Chlorcalcium und fügt alsdann etwas Jod hinzu. Ist das Chloroform
frei von Alkohol, so erhält man eine schön rothe, im anderen
Falle eine braungefärbte Flüssigkeit.

Braun empfiehlt zur Nachweisung geringer Mengen von
Alkohol in Chloroform folgendes Verfahren. Man gibt 2—3 CC.
des zu prüfenden Chloroforms in ein Probirglas, fügt einen
kleinen Krystall von *Fuchsin* hinzu und schüttelt um. Das
Fuchsin schwimmt auf der Oberfläche der Flüssigkeit umher
und erscheint bei auffallendem Lichte an einzelnen Kanten
und Flächen schön blau. Bei Gegenwart von Alkohol zeigt
die Lösung eine rothe Färbung. Ist das Chloroform chemisch
rein, so wird es durch das Fuchsin nur blassroth, wie eine
ziemlich concentrirte Manganchlorürlösung, gefärbt. Aether
gibt diese Reaction nicht. Man kann also durch Combination
der Otto' und Braun'schen Methode beide Körper leicht erkennen.

Traubenzucker. Dextrose $C_6H_{12}O_6 + H_2O$.

Der Traubenzucker krystallisirt in kleinen, sechsseitigen
Tafeln oder blumenkohlartigen Massen. Derselbe ist in Wasser
und Alkohol leicht, in absolutem Alkohol schwer löslich. Aus

der heissen Lösung in absolutem Alkohol krystallisirt er beim
Erkalten nadelförmig und wasserfrei.

Traubenzucker geht bei Zusatz von Hefe direct in Gährung
über und zerfällt hierbei in Alkohol und Kohlensäure. Die
Lösung desselben ist durch ihre reducirende Wirkung gegen
verschiedene Körper ausgezeichnet. *Eisenoxydsalze* werden zu
Eisenoxydulsalzen, *Kupferoxydsalze* zu Kupferoxydul
reducirt, ferner wird aus ammoniakalischer *Silbernitratlösung*
metallisches Silber (als Spiegel) ausgeschieden. Dieses Verhalten wird gewöhnlich dazu benutzt, um Traubenzucker in
seinen Lösungen nachzuweisen.

Fügt man zu einer alkalischen *Kupferoxydlösung* [1]) die auf
Traubenzucker zu prüfende Flüssigkeit und erwärmt, so wird
zuerst ein gelber Niederschlag von Kupferoxydulhydrat
ausgeschieden, welcher beim weitern Erhitzen in rothes Kupferoxydul übergeht. (Trommer'sche Probe.) Wendet man diese
Probe zur Nachweisung von Dextrose im Harn an, so darf
nur bis auf etwa 70° erhitzt werden, da beim Kochen der
Flüssigkeit, auch bei Abwesenheit von Traubenzucker, Kupferoxydul ausgeschieden werden kann. Ist der Harn eiweiss-
haltig, so säuert man mit Essigsäure an und scheidet das
Albumin durch Kochen der Flüssigkeit vorher aus.

Ein anderes Verfahren besteht darin, dass man die Auflösung mit *Natronlauge* bis zur stark alkalischen Reaction versetzt und zum Kochen erhitzt. Bei Gegenwart von Dextrose
wird die Flüssigkeit gelb, dann braunroth, dunkelbraun und
schliesslich schwarz gefärbt. Sehr verdünnte Lösungen erzeugen
nur gelbe bis röthliche Färbung. (Moore.)

Nach Böttger macht man die zu untersuchende Lösung
mit Natriumcarbonat alkalisch und erhitzt auf Zusatz von
basischem *Wismuthnitrat*. Enthält die Flüssigkeit Traubenzucker, so wird das zugefügte Salz, in Folge von Reduction
zu Wismuth, geschwärzt. Wird nur eine minimale Menge von
Zucker vorausgesetzt, so setzt man das Kochen der Flüssig-

---

[1]) Dieses Reagens (Fehling'sche Lösung), wird durch Auflösen von 10 g
Kupfertartrat und 400 g reinem Natronhydrat in 500 CC. Wasser erhalten.

keit längere Zeit fort und lässt die gekochte Flüssigkeit noch einige Zeit stehen, um die Färbung des etwa entstandenen Niederschlags besser beobachten zu können.

Wendet man diese sehr empfindliche und zuverlässige Probe zur Nachweisung von Zucker im Harn an, so säuert man, zur Entfernung etwa vorhandenen Schwefels, mit einigen Tropfen Essigsäure an, fügt eine Messerspitze basisches Wismuthnitrat hinzu, schüttelt die Flüssigkeit um und filtrirt. Zur Nachweisung des Zuckers im Filtrate versetzt man mit Natronlauge bis zur alkalischen Reaction, fügt neuerdings basisches Wismuthnitrat hinzu und kocht.

Erwärmt man die mit etwas Natronlauge versetzte Traubenzuckerlösung bis auf ungefähr 90° und fügt einige Tropfen *Pikrinsäure* (1 Thl. Pikrinsäure in 250 Thln. Wasser) hinzu, so entsteht eine intensiv blutroth gefärbte Flüssigkeit. Fruchtzucker und Milchzucker verhalten sich ähnlich. Rohrzucker und Mannit geben diese Reaction nicht.

Campani wendet zur Nachweisung von Dextrose eine Mischung von concentrirtem *Bleiessig* mit einer verdünnten Lösung von krystallisirtem *Kupferacetat* an. Fügt man hierzu die auf Traubenzucker zu prüfende Flüssigkeit und erhitzt zum Kochen, so färbt sich dieselbe gelb und scheidet nach einiger Zeit einen gelben Niederschlag ab. Beträgt der Gehalt an Dextrose mehr als 1 Proc., so entsteht eine . orangerothe Färbung unter Abscheidung eines Niederschlags von derselben Farbe. Rohrzucker gibt diese Reaction nicht.

Durch *concentrirte Schwefelsäure* wird die Lösung der Dextrose nicht gebräunt, sie bildet damit die Dextrose-Schwefelsäure. (Unterschied von Rohrzucker.)

Rohrzucker $C_{12}H_{22}O_{11}$.

Krystallisirt in harten, wasserfreien, monoklinoëdrischen Prismen, welche sich in Wasser in allen Verhältnissen lösen, in heissem Alkohol schwer, in absolutem Alkohol und Aether unlöslich sind.

Der Rohrzucker schmilzt bei einer Temperatur von 160°

zu einer farblosen Flüssigkeit, welche bei stärkerem Erhitzen unter Bildung von Caramel sich bräunt.

Durch Erwärmen mit verdünnten Säuren wird derselbe in ein Gemenge von Dextrose und Levulose (Invertzucker) verwandelt.

Durch Hefe geht er nicht direct in Gährung über.

Alkalische Kupferlösung wird durch Rohrzucker nicht reducirt. Führt man denselben durch Erwärmen mit verdünnter Schwefelsäure in Invertzucker über, so scheidet dieser aus der Kupferlösung rothes Kupferoxydul ab.

Gegen *Pikrinsäure* verhält sich der Rohrzucker indifferent.

Auf Zusatz von *concentrirter Schwefelsäure* tritt Zersetzung ein, indem sich die Flüssigkeit bräunt. (Unterschied von Traubenzucker.)

Zur Unterscheidung des Rohrzuckers von Traubenzucker benutzt Niklès das Verhalten des ersteren gegen *Zweifach-Chlorkohlenstoff*. Erhitzt man trockenen Rohrzucker mit Chlorkohlenstoff längere Zeit bis auf $100°$, so wird derselbe zuerst an einzelnen Stellen braun, und schliesslich erhält die ganze Masse eine theerartige Beschaffenheit. Traubenzucker, auf gleiche Weise behandelt, wird nicht verändert.

Um Rohrzucker auf Dextrin zu prüfen, löst man ungefähr 13 g desselben in 50 CC. Wasser, filtrirt und versetzt das Filtrat mit dem vierfachen Volumen Alkohol, wodurch bei Gegenwart von Dextrin eine milchige Trübung entsteht. Ist der Gehalt an Dextrin bedeutend, so wird dasselbe als zähes, fadenziehendes Gerinnsel ausgefällt. Die Nachweisung von Dextrin kann auch nach der S. 189 angeführten Methode geschehen.

Milchzucker $C_{12}H_{22}O_{11} + H_2O$.

Der Milchzucker krystallisirt in farblosen, durchscheinenden, vierseitigen Prismen von schwach süssem Geschmack. Derselbe ist in 6 Theilen kaltem und $2\frac{1}{2}$ Theilen kochendem Wasser löslich, in Alkohol dagegen schwer löslich.

Gegen alkalische *Kupferlösung*, sowie gegen *Silbernitrat*

und *Pikrinsäure*, verhält sich der Milchzucker, wie Traubenzucker.

Fügt man zu einem Gemisch von *Bleiessig* und *Kupfer-
acetat* (siehe Traubenzucker) eine verdünnte Auflösung von
Milchzucker und kocht, so wird die Flüssigkeit gelb. Ist die
Milchzuckerlösung concentrirt, so entsteht eine rothe Färbung,
und beim längeren Kochen scheidet sich ein ziegelrother
Niederschlag ab.

Stärke. Amylum $C_6H_{10}O_5$.

Die Stärke bildet ein weisses, schimmerndes Pulver, welches
unter dem Mikroskop betrachtet aus durchsichtigen Kügelchen
besteht. Mit Wasser bis auf 72^0 erwärmt, entsteht eine dick-
flüssige Masse, der sogenannte Stärkekleister. Fügt man dem
Wasser etwas Oxalsäure zu ($^1/_{10}$ Proc.), so wird die Stärke
gelöst. In Alkohol und Aether ist dieselbe unlöslich.

Versetzt man Stärkekleister mit einer Auflösung von *Jod*
in *Jodkalium*, so wird derselbe blau gefärbt (Jodstärke). Beim
Erhitzen mit Wasser verschwindet die Farbe, tritt aber nach
dem Erkalten wieder auf, vorausgesetzt, dass man nicht durch
langes Kochen das Jod verflüchtigt hat. Einige Salze, z. B.
die Sulfate der Alkalien, sowie Magnesiumsulfat und Alaun-
lösung, verzögern oder verhindern die Reaction.

Durch *Bromwasser* oder Bromdampf wird die Stärke
orangegelb gefärbt.

Kocht man die Stärke längere Zeit mit *schwefelsäurehaltigem Wasser*, so geht sie in Dextrin und alsdann in Traubenzucker über. *Alkalische Kupferlösung* (S. 185) wird durch
diese Flüssigkeit, unter Abscheidung von Kupferoxydul, reducirt.

Dextrin $C_6H_{10}O_5$.

Amorphe, farblose oder· schwach gelb gefärbte Masse,
welche in Wasser leicht, in verdünntem Alkohol schwer und
in absolutem Alkohol sowie in Aether unlöslich ist. Versetzt
man die concentrirte wässerige Dextrinlösung mit dem vier-

fachen Volumen *Alkohol* von 95 Proc., so wird das Dextrin als zähes, fadenziehendes Gerinnsel ausgeschieden.

Wird zu der Auflösung von Dextrin tropfenweise wässerige *Jodlösung* zugefügt, so entsteht eine charakteristische wein bis purpurrothe oder auch violettrothe Färbung.

Die wässerige Auflösung wirkt auf alkalische *Kupferlösung* nicht reducirend ein; kocht man dieselbe auf Zusatz einer verdünnten Säure, so wird das Dextrin in Traubenzucker übergeführt, welcher Reduction des Kupferoxyds bewirkt. (Siehe S. 185.)

Zur Prüfung von Dextrin auf einen Gehalt an Traubenzucker (welche auch bei Gegenwart von Milchzucker, Rohrzucker und Gummi angewendet werden kann), bedient sich Barfoed einer Auflösung von neutralem Kupferacetat, welche mit Essigsäure schwach angesäuert wird (1 Thl. Kupferacetat wird in 15 Thln. Wasser gelöst; zu 200 CC. dieser Lösung setzt man 5 CC. Essigsäure von 38 Proc. hinzu). Versetzt man die Auflösung von Dextrin mit wenigen Tropfen dieser Kupferlösung und kocht einen Augenblick auf, so tritt bei Gegenwart von Traubenzucker, entweder gleich oder nach einigen Stunden, der hellrothe Niederschlag von Kupferoxydul auf.

Benzol C_6H_6.

Das Benzol ist eine klare, farblose Flüssigkeit von charakteristischem Geruch, welche bei 0^0 zu durchsichtigen Blättchen erstarrt, die sich meist zu farrenkrautähnlichen Massen vereinigen. Das spec. Gewicht beträgt 0,89, der Siedepunkt liegt bei $80,5^0$. Dasselbe ist in Alkohol und Aether leicht löslich, in Wasser unlöslich. Angezündet brennt es mit hellleuchtender, stark russender Flamme.

Das Verhalten des Benzols gegen rauchende *Salpetersäure*, welche es in Nitrobenzol überführt[1]), lässt sich sehr gut zur Nachweisung desselben benutzen. Man übergiesst in einem

---

[1]) $C_6H_6 + HNO_3 = C_6H_5NO_2 + H_2O$.

Probircylinder einen Tropfen Benzol mit rauchender Salpetersäure und fügt hierauf einen Ueberschuss von Wasser hinzu.
Das Nitrobenzol scheidet sich als ölartige Tröpfchen aus,
welche durch Schütteln mit Aether in diesen übergehen. Nach
dem Verdunsten der ätherischen Lösung bleibt dasselbe zurück
und wird, wie weiter unten angegeben, näher geprüft.

Nitrobenzol. Mirbanöl C6H5NO2.

Gelbliche, ölartige Flüssigkeit, welche bei + 3° krystallinisch erstarrt und bei 213° siedet. Das spec. Gewicht beträgt
1,2. Das Nitrobenzol besitzt einen intensiv bittermandelartigen
Geruch und süssen Geschmack; in Wasser ist es unlöslich,
leicht löslich in Alkohol und Aether.

Die Erkennung desselben beruht auf Ueberführung in
Anilin durch Einwirkung von nascirendem Wasserstoff[1]).

Löst man Nitrobenzol in concentrirter Essigsäure, fügt
einige Stückchen *Natriumamalgam* hinzu, versetzt, nachdem
die Einwirkung vorüber ist, mit Natronlauge bis zur alkalischen Reaction, so wird das Anilin ausgeschieden. Durch
Schütteln mit Aether geht dieses in Auflösung und bleibt nach
dem Verdunsten rein zurück.

Anstatt das Nitrobenzol durch Reduction mit Natriumamalgam in Anilin überzuführen, kann man auch die ätherische Auflösung mit einer Mischung von gleichen Volumen
Alkohol und *Schwefelsäure* versetzen und einige Stückchen *Zink*
hinzufügen.

Phenol. Carbolsäure C6H6O.

Das Phenol bildet grosse, farblose Prismen von eigenthümlichem Geruch und scharf brennendem Geschmack, welche
bei 37,5° schmelzen und bei 182° sieden.

In Wasser ist dasselbe schwer, in Alkohol leicht löslich.
Das unreine Phenol zieht aus der Luft Wasser an und zer-
fliesst zu einer röthlich gefärbten Flüssigkeit.

---

[1]) C6H5NO2 + 3H2 = C6H5(NH2) + 2H2O.

Die wässerige Lösung der Carbolsäure gibt auf Zusatz von *neutraler Eisenchloridlösung* eine blauviolette Färbung. Freie Säuren, sowie mehrere neutrale Salze (Kalium- und Natriumsulfat) verhindern die Reaction.

Sehr geringe Mengen von Phenol (1 Theil Phenol auf 57100 Theile Wasser) lassen sich nach Landolt mit *Bromwasser* nachweisen, welches nach und nach zu einer wässerigen Phenollösung in geringem Ueberschuss hinzugefügt, sofort einen gelblichweissen, flockigen Niederschlag von Tribromphenol erzeugt [1]). Der Niederschlag ist in verdünnten Säuren schwer, in Alkalien leicht löslich. Ist die Lösung sehr verdünnt (1 : 54600), so entsteht der Niederschlag erst nach mehreren Stunden und ist dann krystallinisch. Bei ganz geringen Mengen von Niederschlag lassen sich die charakteristischen Krystallformen des Tribromphenols mit Hülfe des Mikroskops sehr deutlich erkennen.

Um zu constatiren, dass der durch Bromwasser erhaltene Niederschlag wirklich von Phenol herrührt, wird derselbe nach dem Abfiltriren und Auswaschen in einem Reagircylinder mit etwas Natriumamalgam und Wasser geschüttelt und schwach erwärmt. Giesst man diese Flüssigkeit in ein Porzellanschälchen und versetzt mit verdünnter Schwefelsäure, so ist der charakteristische Geruch nach Phenol, welches sich in öligen Tröpfchen ausscheidet, deutlich wahrzunehmen.

Diese Methode eignet sich auch sehr gut, um Brunnenwasser auf eine Beimengung an Gaswasser (Leuchtgas) zu prüfen. Man bringt eine grössere Quantität desselben in einen Destillirapparat und erhitzt, nach vorherigem Zusatz von verdünnter Schwefelsäure. Sobald das Destillat etwa 50 CC. beträgt, prüft man dieses mit Bromwasser. (Landolt.)

Zur Nachweisung von Carbolsäure im Harn versetzt man etwa 500 CC. desselben mit überschüssigem Bromwasser, filtrirt den Niederschlag ab und behandelt mit Natriumamalgam. Nach dem Erwärmen mit verdünnter Schwefelsäure tritt der Geruch nach Phenol sehr deutlich auf. (Landolt.)

---

[1]) $C_6H_6O + 6Br = C_6H_3OBr_3 + 3HBr$.

Ausser Phenol erzeugen noch eine Anzahl anderer Körper
mit Bromwasser ähnliche Niederschläge, welche sich indess
durch [Behandeln mit Natriumamalgam sehr leicht von dem
Tribromphenol unterscheiden lassen, nämlich:

Paraoxybenzoësäure (Niederschlag: Tribromphenol), Salicylsäure, Kresol, Thymol, Guajacol (diese Körper zeigen ein
gleiches Verhalten wie das Phenol. Um die drei letztern
Körper von Phenol zu unterscheiden, müsste in dem Niederschlag das Brom quantitativ bestimmt werden), Anilin, Toluidin, Chinin, Chinidin, Cinchonin, Strychnin, Narcotin.

Durch Bromwasser werden nicht gefällt:

Hydrochinon, Pyrogallussäure, Gallussäure, Pikrinsäure,
Bittermandelöl, Amygdalin, Cumarin, Hippursäure, Caffeïn,
Brucin. In Morphinlösungen entsteht anfänglich ein weisser
Niederschlag, welcher sich bald wieder auflöst.

Eine andere, weniger empfindliche Reaction auf Phenol
rührt von Lex her.

Versetzt man die wässerige Lösung von Phenol mit der
Lösung eines *Nitrits* oder mit concentrirter *Salpetersäure*, so
entsteht (bei Anwendung der salpetrigsauren Verbindung auf
Zusatz einer Säure) eine gelbe Färbung, und es scheiden sich
allmälich dunkelbraune Oeltröpfchen aus. Wird diese Flüssigkeit mit Natron (oder besser mit Kalk) versetzt, ein Reductionsmittel (Zucker, Zink, Aluminium) hinzugefügt und erwärmt, so wird dieselbe zuerst heller gefärbt und nimmt von
der Oberfläche aus (rascher beim Ausgiessen in eine flache
Schale) eine intensiv blaue Färbung an. Diese Reaction tritt
sofort durch die ganze Flüssigkeit ein, wenn man dieselbe mit
einigen Tropfen *Natriumhypochlorit* versetzt.

Durch verdünnte Säuren, selbst Kohlensäure, geht die
blaue Farbe in Roth über. Alkohol und Aether nehmen sowohl den blauen als den rothen Farbstoff auf, Chloroform nur
den rothen.

Fügt man zu einer Auflösung von Carbolsäure eine Lösung
von *Quecksilberoxydulnitrat,* welche eine Spur salpetrige Säure
enthält und kocht, so wird metallisches Quecksilber ausgeschieden, und die überstehende Flüssigkeit ist intensiv roth

gefärbt. Ist die Auflösung der Carbolsäure sehr verdünnt, so tritt vorerst die rothe Färbung der Flüssigkeit und nach einiger Zeit die Reduction von Quecksilber ein. Diese Reaction ist sehr empfindlich, bei einem Gehalt von $^1/_{60000}$ Carbolsäure ist die Färbung noch sehr deutlich und auch noch wahrnehmbar, •wenn der Gehalt $^1/_{200000}$ beträgt. Benzol auf dieselbe Art behandelt, färbt sich hellgelb, Anilin, in nicht zu geringer Menge dunkelgelb. Salicylige Säure und Salicylsäure, sowie die Destillationsproducte des Tyrosins geben dieselbe Reaction, Benzoësäure, Hippursäure, Salicin, Helicin verhalten sich indifferent. (Pflugge.)

Anilin $C_6H_5NH_2$.

Farblose, wasserhelle Flüssigkeit vom spec. Gewicht 1,036, welche bei 184,5 ⁰ siedet. In Wasser ist dasselbe schwer, in Alkohol und Aether in jedem Verhältniss löslich. Durch Einwirkung der Luft wird es allmälich braun und verharzt.

Die wässerige oder chlorwasserstoffsaure Lösung gibt auf Zusatz von *Chlorkalklösung* eine purpurviolette Färbung, welche allmälig in schmutzig Roth übergeht.

Fügt man zu der chlorwasserstoffsauren Lösung des Anilins einige Tropfen *Salpetersäure* und giesst diese Flüssigkeit zu concentrirter Schwefelsäure, so dass keine Vermischung stattfindet, so entsteht an der Berührungsstelle eine violettrothe Färbung. Bei Anwendung von *Kaliumchlorat* anstatt Schwefelsäure tritt violettblaue, bei geringen Mengen von Anilin, rothe Färbung der Flüssigkeitsschicht auf.

Wird Anilin auf Zusatz von wenig Wasser in concentrirter Schwefelsäure gelöst und einige Tropfen *Kaliumchromat* hinzugefügt, so entsteht eine schön violettblaue Färbung, welche nach einiger Zeit wieder verschwindet. *Eisenchlorid* gibt eine rothe Färbung.

In verdünnter Schwefelsäure gelöst, erzeugt das Anilin auf Zusatz von *Bleisuperoxyd* eine dunkelgrün gefärbte Flüssigkeit. Geht diese Färbung rasch in Rosenroth über, so deutet dies auf einen Gehalt an Toluidin. Mit *Chromsäure* geben

die Lösungen des Anilins oder seiner Salze einen blauschwarzen
Niederschlag.

Leitet man durch wässerige oder alkoholische Anilinlösung
salpetrige Säure, so färbt sich die Lösung gelbbraun. Auf
Zusatz von Salpeter-, Schwefel-, Chlorwasserstoff- oder Oxalsäure färbt sich diese Flüssigkeit schön roth. Durch Verdünnen mit Wasser geht die Farbe in Gelb über, wird aber
wieder roth, sobald man neuerdings einige Tropfen Säure
hinzufügt. (Mène.)

Zur Nachweisung ganz geringer Mengen von Anilin löst
man die zu prüfende Substanz in verdünnter Schwefelsäure,
giesst einige Tropfen auf ein Platinblech, welches mit dem
positiven Pol eines Bunsen'schen Elementes verbunden ist,
und berührt die Flüssigkeit mit dem negativen Poldraht. Ist
Anilin vorhanden, so wird die Lösung intensiv blau gefärbt,
welche Farbe nach und nach in Violett und Roth übergeht.
(Letheby.)

Bromwasser scheidet selbst aus verdünnten Anilinlösungen
(1 : 69000) fleischrothes Tribromanilin aus. Behandelt man
dieses mit Natriumamalgam (siehe Phenol), so wird das Anilin
abgeschieden.

Anilin neben Toluidin. Bekanntlich wirkt eine Auflösung von Chlorkalk nicht allein auf Anilin, sondern auch
auf Toluidin ein, welch' letzteres durch dieses Reagens braungelb gefärbt wird. Versetzt man nun ein Gemisch von Anilin
und Toluidin mit Chlorkalk, so wird die blaue Farbe des
ersteren durch die braune Färbung des Toluidins vollständig
verdeckt, so dass auf diese Art das Anilin nicht nachgewiesen
werden kann.

Löst man jedoch die zu prüfende Base in Aether, fügt
ein gleiches Volumen Wasser hinzu und versetzt tropfenweise
mit Chlorkalklösung, so wird die wässerige Schicht bei Anwesenheit von Toluidin gebräunt. Beim Schütteln geht der
braune Farbstoff in den Aether über, und es tritt dann die
blaue Färbung von Anilin in der wässerigen Flüssigkeit deutlich auf. (Rosenstiehl.)

Zur Trennung des Anilins von Toluidin führt man beide in oxalsaure Salze über und behandelt diese mit verdünntem Alkohol. Das Anilinsalz geht hierbei in Auflösung.

Toluidin $C_7 H_9 N$.

Aus der alkoholischen Lösung krystallisirt das Toluidin in farblosen, glänzenden Blättchen von weinartigem Geruch. Es schmilzt bei 45^0 und siedet bei 202^0. In Wasser und Alkohol ist dasselbe schwer, in Aether unlöslich.

Versetzt man die wässerige Auflösung mit *Chlorkalk*, so entsteht eine braune Färbung, welche durch Schütteln mit Aether in diesen übergeht.

Löst man Toluidin in Schwefelsäurehydrat, lässt die Lösung erkalten und bringt einige CC. in einen vollkommen trockenen Reagircylinder, fügt alsdann einen Tropfen Salpetersäure hinzu, so wird die Flüssigkeit sofort intensiv blau gefärbt.

Die Färbung hält sich nur kurze Zeit und geht alsbald in Violett und Roth über. (Unterschied von Anilin und Pseudotoluidin.)

Diese Reaction (welche die Anwendung ganz chlorfreier Reagentien erfordert) eignet sich sehr gut zur Nachweisung von Toluidin neben Anilin, es tritt dann aber nicht Blaufärbung, sondern eine von Blutroth in Violettblau wechselnde Färbung ein.

Auf Zusatz von *Bromwasser* entsteht in der wässerigen Toluidinlösung ein gelblicher Niederschlag, welcher bald röthlich wird. Die Reaction tritt noch bei einer Verdünnung von $1 : 6450$ ein.

Pseudotoluidin.

Das Pseudotoluidin bildet eine farblose Flüssigkeit, welche bei 198^0 siedet und bei -20^0 noch flüssig ist.

Löst man die Base in Aether, fügt ein gleiches Volumen Wasser und dann tropfenweise Chlorkalklösung hinzu, so wird

die wässerige Schicht allmälich gelb. Beim Schütteln der
Flüssigkeit nimmt der Aether den Farbstoff auf. Wird die
ätherische Lösung mit schwach angesäuertem Wasser geschüttelt, so färbt sich die Flüssigkeit intensiv violettblau.

Diese Reaction eignet sich sehr gut, um kleine Mengen
von Pseudotoluidin neben Anilin und Toluidin zu erkennen.

Anthracen $C_{14}H_{10}$.

Das Anthracen krystallisirt in kleinen, monoklinischen
Tafeln, welche schön blaue Fluorescenz zeigen. Es schmilzt
bei 213° und destillirt bei 360°. In Alkohol ist dasselbe
wenig, in Benzol leichter löslich.

Löst man Anthracen in einer, bei 30—40° gesättigten
Lösung von *Pikrinsäure* in Alkohol, so erhält man schön rubin-
roth gefärbte Nadeln von Anthracenpikrat, welche, unter
dem Mikroskop betrachtet, abgebrochene Prismen bilden.

Diese Reaction lässt sich besonders zur Unterscheidung
des Anthracens von Naphtalin benutzen. Mischt man nämlich eine in der Kälte gesättigte alkoholische Naphtalinlösung
mit einer bei 20—30° gesättigten Lösung von *Pikrinsäure*
in Alkohol, so entstehen sogleich, besonders beim Umrühren
mit einem Glasstab, schön gelbe Krystallnadeln, welche in
überschüssigem Alkohol unter Zersetzung löslich sind. Ist ein
Gemisch beider Körper vorhanden, so können mit Hülfe des
Mikroskops die gelben (gewöhnlich sternförmig vereinigten)
Nadeln des Naphtalinpikrats · leicht von den rothen Prismen
des Anthracenpikrats unterschieden werden.

Naphtalin $C_{10}H_8$.

Krystallisirt in grossen, farblosen, glänzenden Blättern,
welche bei 80° schmelzen und bei 218° sieden. Dasselbe besitzt einen eigenthümlichen, charakteristischen Geruch und
brennenden Geschmack. In Wasser ist es unlöslich, in kaltem
Alkohol schwer löslich, leicht in heissem Alkohol und Aether.

Versetzt man eine in der Kälte gesättigte, alkoholische

Lösung von Naphtalin mit gesättigter, alkoholischer *Pikrinsäurelösung*, so werden schön gelbe Krystallnadeln von Naphtalinpikrat ausgeschieden. (Siehe Anthracen.)

Fuchsin. Rosanilin $C_{20}H_{19}N_3$.

Die reine Base, welche man durch Uebersättigen des essigsauren Rosanilins mit Ammoniak erhält, scheidet sich aus der concentrirten Lösung in weissen Schuppen oder Tafeln aus, die durch Einwirkung der Luft bald roth werden. In Wasser ist das Fuchsin wenig, in Alkohol und Amylalkohol leichter löslich. Mit Säuren bildet dasselbe grüne, metallischglänzende Krystalle, welche sich in Wasser und Alkohol mit schön rother Farbe lösen. Versetzt man das Acetat mit *Kaliumbichromat*, so entsteht ein ziegelrother Niederschlag, welcher beim Kochen mit Wasser grün und krystallinisch wird.

Pikrinsäure erzeugt in der Lösung eines Fuchsinsalzes eine in schön rothen Nadeln krystallisirbare Fällung.

Auf Zusatz von *Gerbsäure* zu der Lösung von Rosanilin entsteht ein carminrother, im Ueberschuss des Fällungsmittels löslicher Niederschlag.

Alizarin. Krapproth $C_{14}H_8O_4$.

Das Alizarin krystallisirt aus alkoholischer Lösung in langen, durchsichtigen, dunkelgelben Säulen oder Schuppen, welch' letztere Aehnlichkeit mit Musivgold besitzen. Durch Erhitzen auf 100^0 wird es dunkelroth und undurchsichtig; steigert man die Temperatur bis 220^0, so sublimirt es unzersetzt in goldgelben Nadeln, welche das Licht mit rother Farbe reflectiren. In kaltem Wasser ist es schwer, in kochendem Wasser und Alkohol leicht löslich. Aether löst dasselbe mit goldgelber Farbe.

Concentrirte Schwefelsäure löst Alizarin mit blutrother Farbe; beim Verdünnen dieser Lösung mit Wasser wird es wieder unzersetzt ausgeschieden.

Ammoniak oder *Ammoniumcarbonat* erzeugen eine dunkel

violettrothe Lösung, während *Kali-* oder *Natronlauge* das Alizarin mit purpurblauer Farbe lösen. Aus diesen Flüssigkeiten wird dasselbe in tief orangefarbenen Flocken ausgeschieden.

In ammoniakalischer Auflösung erzeugt: *Chlorbaryum* oder *Chlorcalcium* einen tief blauen, *Bleiacetat* oder *Eisenoxydulsulfat* einen purpurrothen Niederschlag.

Um Alizarin neben Purpurin im gewöhnlichen Krapproth zu erkennen, kocht man dasselbe wiederholt so lange mit einer Auflösung von Kaliumcarbonat aus, bis diese nicht mehr gefärbt erscheint. Die Lösung enthält alsdann das Purpurin. Wird der Rückstand mit kochendem Wasser ausgewaschen und dann auf Zusatz von Barytwasser erwärmt, so wird dasselbe, bei Gegenwart von Alizarin, violett gefärbt. Der Rückstand kann auch mit alkoholischer Chlorwasserstoffsäure extrahirt und diese Lösung auf Alizarin geprüft werden.

Digerirt man Purpurin, oder die damit gefärbten oder bedruckten Zeuge, mit einer concentrirten Auflösung von *Aluminiumsulfat*, so entsteht eine, im durchfallenden Lichte roth, mit einem deutlichen Stich in's Blaue gefärbte Flüssigkeit, welche mit goldgrünem Reflex fluorescirt. Alizarin zeigt diese Erscheinung nicht. (Stein.)

Leimarten.

Glutin. Der Knochenleim bildet im reinen Zustande eine durchsichtige, harte Masse ohne Geruch und Geschmack. In kaltem Wasser verliert er seine Durchsichtigkeit und quillt auf; kochendes Wasser löst denselben leicht zu einer dicken Flüssigkeit, welche beim Erkalten gallertartig erstarrt. Kocht man eine Leimlösung längere Zeit, oder versetzt man dieselbe mit concentrirter Essigsäure, so tritt kein Gelatiniren der Flüssigkeit mehr ein.

In Alkohol und Aether ist der Leim unlöslich.

Versetzt man eine Leimlösung mit *Gerbsäure*, so entsteht ein weisser Niederschlag, welcher in einem Ueberschuss des

Reagens' unlöslich, in überschüssiger Leimlösung jedoch löslich ist.

Durch stärkere Säuren (Essigsäure, Chlorwasserstoff- oder Schwefelsäure) wird Leimlösung nicht gefällt.

Chlorwasser erzeugt einen weissen, flockigen Niederschlag; ähnlich verhalten sich *Quecksilberchlorid* und *Platinchlorid.*

Durch *Alaun, Quecksilberoxydul-, Silber-, Blei-* und *Kupfersalze* werden Glutinlösungen nicht gefällt.

Chondrin. Der Knorpelleim verhält sich gegen· Wasser genau wie der Knochenleim. Von diesem unterscheidet er sich durch sein Verhalten gegen *Essigsäure*, welche einen weissen, in überschüssiger Säure unlöslichen Niederschlag erzeugt. Auf Zusatz von verdünnter *Chlorwasserstoff-* oder *Schwefelsäure* entstehen ebenfalls weisse Fällungen, welche jedoch im geringsten Säure-Ueberschuss auflöslich sind.

Gegen *Quecksilberchlorid* verhält sich eine Auflösung von Knorpelleim indifferent. Dagegen bewirken *Alaun, Quecksilberoxydul-, Silber-, Blei-* und *Kupfersalze* in Chondrinlösungen weisse, flockige Niederschläge.

Albuminstoffe. Proteïnkörper.

Die Eiweisskörper sind amorphe Stoffe, welche in zwei Modificationen, einer löslichen und einer unlöslichen, bekannt sind. Concentrirte Essigsäure, Schwefelsäure, Chlorwasserstoffsäure und Phosphorsäure lösen alle Eiweissstoffe auf. Die chlorwasserstoffsaure Lösung färbt sich beim Kochen unter Luftzutritt blau oder violett. Durch kaustische Alkalien werden dieselben unter Bildung von Tyrosin, Leucin, Oxalsäure und Ammoniak zersetzt.

Uebergiesst man eine proteïnhaltige Substanz mit *Zuckerlösung* und concentrirter *Schwefelsäure*, so färbt sich dieselbe anfangs roth und dann (besonders bei Luftzutritt) tief violett.

Lässt man *molybdänsäurehaltige Schwefelsäure* auf feste Eiweisskörper einwirken, so werden dieselben intensiv blau gefärbt. (Fröhde.)

Zur Nachweisung von Albumin in Flüssigkeiten, z. B.

im Harn, erhitzt man eine Probe der Flüssigkeit zum Kochen und versetzt mit *Salpetersäure* bis zur stark sauren Reaction. Bei Gegenwart von Eiweiss wird dasselbe, entweder schon durch Kochen der Flüssigkeit, oder auf Zusatz von Salpetersäure, als weisser, flockiger Niederschlag ausgeschieden.

Will man die von dem Eiweiss-Niederschlage abfiltrirte Flüssigkeit noch auf andere organische Stoffe prüfen, welche durch Kochen mit Salpetersäure verändert werden, so säuert man die zu prüfende Lösung mit *Essigsäure* an, fügt ein der Flüssigkeit gleiches Volumen concentrirter Lösung von *Natriumsulfat* hinzu und kocht, wodurch das Eiweiss ebenfalls ausgeschieden wird.

Zur Erkennung sehr geringer Mengen von Eiweiss erwärmt man die albuminhaltige Flüssigkeit mit einer Lösung von *Quecksilberoxydnitrat*, welche etwas *salpetrige Säure* enthält [1]), wodurch dieselbe schön roth gefärbt wird. (Millon.)

Versetzt man eine eiweisshaltige Lösung mit *Alkohol* (etwa 15 Tropfen) und fügt eine gleiche Menge *Carbolsäure* hinzu, so wird das Albumin als weisser, flockiger Niederschlag ausgeschieden. Diese Methode ist ebenfalls zur Nachweisung höchst geringer Mengen von Eiweiss (sie tritt noch bei 15000facher Verdünnung ein) geeignet. (Méhu.)

Wird eine wässerige Albuminlösung bis auf 72° erwärmt, so coagulirt das Albumin, indem es in die unlösliche Modification übergeht.

Durch dieses Verhalten unterscheidet sich das Albumin wesentlich von dem Caseïn, welches durch Erhitzen seiner Lösungen nicht coagulirt wird; dieses findet jedoch auf Zusatz der Schleimhaut des Kalbsmagens, des sogenannten Lab, statt. Das coagulirte Caseïn ist sowohl in ganz verdünnten Säuren, als auch in Alkalien leicht löslich. (Unterschied von Albumin.)

---

[1]) Diese wird durch Auflösen von 1 Theil Quecksilber in 1 Theil kalter concentrirter Salpetersäure bereitet. Die Lösung wird mit dem doppelten Volumen Wasser verdünnt.

Anhang.

Concentration der Reagentien.

Chlorwasserstoffsäure vom spec. Gewicht 1,12.
Concentrirte Schwefelsäure vom spec. Gewicht 1,8.
Verdünnte Schwefelsäure. Durch Vermischen von 1 Thl.
concentrirter Säure mit 5—8 Thln. Wasser.
Salpetersäure vom spec. Gewicht 1,2.
Königswasser. 1 Thl. Salpetersäure und 2—3 Thl. Chlorwasserstoffsäure.
Essigsäure vom spec. Gewicht 1,04.
Oxalsäure. 1 Thl. Säure in 20 Thln. Wasser.
Schwefelige Säure. Durch Sättigen von Wasser mit Schwefeligsäuregas.
Schwefelwasserstoffwasser. Durch Einleiten von Schwefelwasserstoffgas in Wasser.
Kali- oder *Natronlauge* vom spec. Gewicht 1,3.
Kaliumcarbonat. 1 Thl. Salz auf 6 Thl. Wasser.
Kaliumsulfat. 1 : 10.
Kaliumacetat. 1 : 3.
Kaliumnitrat. 1 : 2.
Kaliumchromat. 1 : 10.
Kaliumbichromat. 1 : 10.
Jodkalium. 1 : 10.
Cyankalium. 1 : 5.
Ferrocyankalium. 1 : 12.

Ferricyankalium. 1 : 10. Zweckmässig vor dem Gebrauche frisch zu bereiten.

Rhodankalium. 1 : 10.

Natriumcarbonat. 3 Thl. krystallisirte, oder 1 Thl. calcinirte Soda in 6 Thln. Wasser.

Natriumphosphat. 1 : 10.

Natriumacetat. 1 : 6.

Ammoniak vom spec. Gewicht 0,96.

Ammoniumcarbonat. Durch Auflösen von 1 Thl. Salz in 4 Thln. Wasser unter Hinzufügen von 1 Thl. Ammoniak.

Chlorammonium. 1 : 6.

Ammoniumoxalat. 1 : 24.

Ammoniummolybdat. 150 g krystallisirtes Ammoniummolybdat werden in 1 Liter Wasser gelöst und diese Auflösung, nach und nach in 1 Liter reine Salpetersäure, von gewöhnlicher Concentration gegossen. Um das Reagens aus Molybdänsäure zu bereiten, löst man 1 Thl. desselben in 8 Thln. Ammoniak und gibt diese Lösung in 20 Thl. Salpetersäure.

Schwefelammonium. Durch Einleiten von Schwefelwasserstoffgas in 3 Thl. Ammoniak bis zur Sättigung. Diese Flüssigkeit wird mit 2 Thln. Ammoniak von derselben Concentration versetzt.

Barytwasser. Durch Schütteln von Baryhydrat mit Wasser, Stehenlassen und Abgiessen der klaren Flüssigkeit.

Chlorbaryum. 1 : 10.

Baryumnitrat. 1 : 14.

Baryumacetat. 1 : 14.

Kalkwasser. Wie Barytwasser.

Chlorcalcium. 1 : 6.

Gypswasser. Durch Schütteln von Calciumsulfat mit dem 100fachen Gewicht Wasser.

Magnesiumsulfat. 1 : 10.

Bleiacetat. 1 : 10.

Bleinitrat. 1 : 12.

Silbernitrat. 1 : 15.

Quecksilberoxydulnitrat. Durch Auflösen von 2 Theilen Salz in 7 Theilen, mit Salpetersäure angesäuertem Wasser.

Die Auflösung wird über etwas metallischem Quecksilber aufbewahrt.

Quecksilberchlorid. 1 : 12.

Kupfersulfat. 1 : 10.

Zinnchlorür. 1 : 6. Die mit Chlorwasserstoffsäure angesäuerte Lösung ist über metallischem Zinn aufzubewahren.

Eisenchlorid. 1 : 5.

Platinchlorid. 1 : 5.

Goldchlorid. 1 : 12.

Register.